# AI
# 人工智能
## 发展简史＋技术案例＋商业应用
## （第2版）

谷建阳◎主编

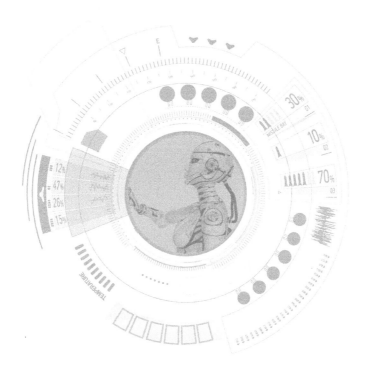

清華大學出版社
北京

## 内 容 简 介

本书通过"知识＋案例"两条线索展开介绍，力图帮助读者全方位、多角度地了解人工智能。

纵向知识线包括 3 大认识、3 大价值、3 大盈利模式、3 种营销变化、5 个时代、5 大商业模式、8 大技术、18 个领域、8 种研究成果、5 种热卖商品等，针对人工智能的基本概念、发展阶段、研究价值、市场状况、基础技术、发展前景、营销应用、热门领域、影响意义、热卖商品和研究成果等内容，向读者系统化地进行介绍。

横向案例线共包含 12 章专题内容，详解了 18 个领域的 50 多种智能产品及其应用，内容涉及智能家居、智能安防、无人驾驶、智能社交、智能生产、工业设计、电子商务、军事航天、法律预判、智能医疗、智能营销、智能理财、新零售、餐饮服务、物流运输、农业、智能教育、企业管理、5G 技术等，同时通过 100 多个图解、190 张图片对不同领域人工智能的应用、产品和特点进行了展示。

本书结构清晰，适合对人工智能及其相关技术和产品感兴趣，想全面了解人工智能的读者阅读。

**图书在版编目(CIP)数据**

AI 人工智能：发展简史+技术案例+商业应用/谷建阳主编. —2 版. —北京：清华大学出版社，2021.1（2024.4 重印）

ISBN 978-7-302-57253-4

Ⅰ．①A… Ⅱ．①谷… Ⅲ．①人工智能 Ⅳ．①TP18

中国版本图书馆 CIP 数据核字(2020)第 260551 号

责任编辑：张　瑜
封面设计：杨玉兰
责任校对：王明明
责任印制：杨　艳

出版发行：清华大学出版社
　　　　　网　　址：https://www.tup.com.cn, https://www.wqxuetang.com
　　　　　地　　址：北京清华大学学研大厦 A 座　　　　邮　　编：100084
　　　　　社 总 机：010-83470000　　　　　　　　　　邮　　购：010-62786544
　　　　　投稿与读者服务：010-62776969，c-service@tup.tsinghua.edu.cn
　　　　　质量反馈：010-62772015，zhiliang@tup.tsinghua.edu.cn

印 装 者：涿州市般润文化传播有限公司
经　　销：全国新华书店
开　　本：170mm×240mm　　　印　张：15.25　　　字　数：248 千字
版　　次：2018 年 5 月第 1 版　　2021 年 3 月第 2 版　　印　次：2024 年 4 月第 4 次印刷
定　　价：59.80 元

产品编号：087903-01

前言

## ■ 写作驱动

人工智能的快速发展将整个社会带入了一个智能化、自动化的新时代，所有日常生活中使用的产品，从设计、生产、运输、营销到应用等各个领域都或多或少地存在着人工智能的痕迹。但是，人们在享受人工智能带来的便捷生活的同时却缺少对其全面而深入的认识。人工智能这一前沿学科所带来的改变无处不在，熟知它可以使我们更好地了解经济社会的发展趋势，把握未来更多的发展机会。

本书以人工智能为核心，以技术和应用为根本出发点，以图解的方式深度剖析了人工智能的基本概念、发展阶段、研究价值、市场状况、基础技术、发展前景、营销应用、热门领域和研究成果等，同时结合人工智能的行业应用，如工业领域的工业检查、工业生产、信息智能、工业设计、陶瓷工业，安防领域的交通安防、工业园区安防等，全方位、多角度地解析了 10 多个行业的 50 多种产品中的人工智能的应用。

本书将理论与案例相结合，从纵向知识线和横向案例线两条线全面解析了人工智能的发展现状，以便读者对其有更深入的了解。

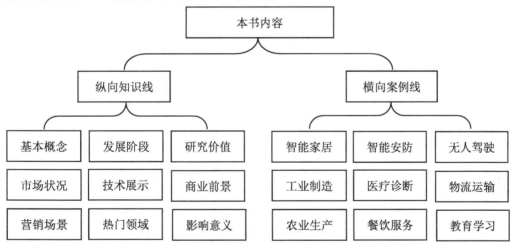

## ■ 本书特色

本书主要特色：内容全面+案例丰富。

**1. 内容全面，通俗易懂，针对性强。**本书体系完整，以技术和应用为根本出发点详细地介绍了人工智能的主要内容，包括基础知识、发展脉络、研究价值、市场状况、智能技术、商业模式、营销场景、热门领域和成果案例等，可以帮助读者深入了解人工智能的前世今生。

**2. 突出实用性，案例丰富，真实呈现。** 本书从技术和应用的各个环节全面解析了十几个领域的 50 多种人工智能产品，通过图解的方式方便读者快速、详细地了解人工智能技术及其产品。

## ■ 图解分析

为方便读者把握重点，全书采取图解的方式对相关内容进行了分析。读者通过逻辑推理可以快速地了解人工智能的核心知识，节约大量的阅读成本。读者在阅读过程中需要注意图解的逻辑关系，根据图解的连接词充分理解其想要表达的内容，从而获得更好的阅读体验。

## ■ 编写人员

本书由谷建阳编著，参与编写的人员包括李想等人，在此一并表示感谢。由于作者水平有限，书中难免有疏漏之处，恳请广大读者批评、指正。

编　者

# 目录

# 第1章

## 全面知晓，人工智能

学前
提示

　　作为计算机科学的一个分支，人工智能随着时间的推移，从最初概念的提出到如今如火如荼的发展，带给了人类全新的生活体验。

　　本章将针对人工智能的提出及发展历程进行详细讲解，希望能对想了解人工智能的读者有所帮助。

要点
展示

▶ 人工智能基本知识概述

▶ 人工智能技术的先行者

▶ 影视作品中的人工智能

# 1.1　人工智能基本知识概述

人工智能是什么？这个问题从"人工智能"一词开始出现就一直盘踞在人们的脑海之中。什么是"智能"？一直以来饱受争论。通俗地说，"智能"就是模拟人的思维信息的过程。要想了解人工智能不能仅从其定义出发，还需要了解它的研究范畴和它存在的意义。图 1-1 所示为人工智能示意图。

图 1-1　人工智能示意图

## 1.1.1　人工智能的定义

人工智能(Artificial Intelligence，AI)属于计算机科学的一个重要分支，主要涉及怎样用人工的方法或技术，让某些自动化机器或者计算机对人的智能进行模拟、延伸和扩展，从而使某些机器设备具备人类的思考能力或实现脑力劳动自动化。

**专家提醒**

人工智能是一门挑战性极强的科学，从事人工智能相关工作的人员必须懂得计算机知识、心理学和哲学。人工智能涉及的领域又十分宽广，如电信、医疗、教育。总而言之，人工智能研究的重要目的是使机器胜任一些通常需要人类智能才能完成的工作任务。但是人们对于"工作"的理解也是随着时代的不同而改变的。

## 1.1.2 人工智能研究的领域

近几年，人工智能成了一个热门话题。其研究目的是利用机器模拟、延伸和扩展人的智能，这些机器主要是电子设备。它的研究领域也十分广泛，具体包括如图 1-2 所示的几个方面。

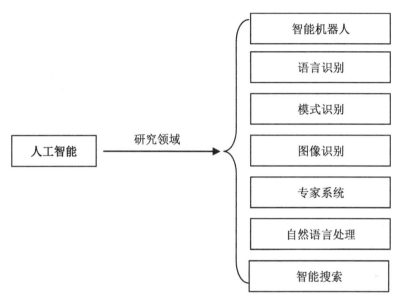

图 1-2 人工智能的研究领域

其中，模式识别技术是人工智能最基础和最重要的一门技术；而智能机器人在很大程度上解决了劳动力短缺的问题；专家系统则存在无限的商业价值，特别是专家系统与各大行业的深度结合，对工作、生活都产生了重要的影响。

## 1.1.3 人工智能存在的意义

人工智能的出现并不是偶然的，它是人类科学技术发展到一定程度的产物。石器时代，人类学会了制造和使用工具，并且利用这些工具改造自己的生活环境；工业革命时期，机器的出现解放了劳动者的双手，缓解了人类本身与劳动对象的矛盾，创造了越来越多的财富。随着科学技术的发展，人们已不再满足于只是解放自己的双手，而希望创造出能够解放大脑的智能工具。为了紧跟当前社会信息化发展的步伐，我们迫切需要进行人工智能的研究。众所周知，信息化的进一步发展需要智能技术的支持，比如互联网，只有应用智能技术，互联网才能发挥更大的作用。

智能化也是自动化发展的必然趋势。目前，自动化已经达到了一定水平，若继续发展必然就是向智能化迈进。智能化将会成为机械化、自动化之后的又一次新技术革命。

另外，对人工智能的研究也能促使人类探索自身智能的奥秘，因为计算机可以对人脑进行模拟，对人脑的工作原理进行解读。当下，"智能神经科学"的兴起对于揭示智能活动的机理和规律具有重要价值。

简单来说，人工智能存在的意义主要表现在以下几个方面，具体如图 1-3 所示。

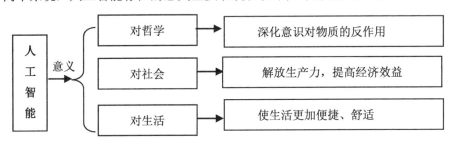

图 1-3　人工智能存在的意义

# 1.2　人工智能技术的先行者

麦克杜克(Mc Corduck)说过："某种形式上的人工智能是一个遍布于西方知识分子历史的观点，是一个急需被实现的梦想。"其实，在古今中外历史上，为了实现人工智能的梦想，人类进行了多次尝试，甚至通过实践，即制造机械人偶来实现自己对人工智能的追求。

## 1.2.1　传说中的人工智能

古希腊存在诸多传说，内容包括天神和怪兽等。在这些传说中还出现了机械人，比如古代诗人荷马的《伊利亚特》一书中提到的希腊天神赫菲斯托斯的黄金机器人。书中记载，黄金机器人有三条腿，行动自如。除此之外，古希腊神话中还有关于人造人的神话，如皮格马利翁的雕塑伽拉特亚。

19 世纪兴起的幻想文学中也出现了人造人和会思考的机器人这类写作题材，比如科幻小说之母玛丽·雪莱的《科学怪人》和卡雷尔·恰佩克的戏剧《罗素姆万能机器人》。至今，人工智能仍然是科幻小说中的重要元素。

## 1.2.2　人偶：最初的尝试

古代，人们不再满足于想象中的机械人偶，而是大胆地进行尝试，将机械人偶制造运用于实践中。比如在中国历史上，偃师就是杰出的人偶制造师。如图 1-4 所示为偃师向周穆王进献人偶。

图1-4　偃师进献人偶

**专家提醒**

　　古埃及和古希腊神庙中的神像可以说是"机器人"最初的体现，具体如图1-5所示。

图1-5　古埃及神像

　　人们认为工匠为这些神像赋予了人类的思想，使它们具备了人类的智慧和感情。

## 1.2.3　机械化推理

　　人工智能是基于机器能够将人类的思考过程机械化的假设而出现的。对机械化推理的研究已经有一段漫长的岁月。古中国、古希腊和古印度的许多哲学家、数学家都在公元前就提出了有关机械性推理的方法。这些想法为之后的学者进一步研究机械性推理奠定了基础，包括亚里士多德(三段论，最基本的推理形式)、欧几里得(《几何原本》)，以及花剌子密(代数之父)等著名学者。如图1-6所示为欧几里得的《几何原本》。

**图 1-6 欧几里得的《几何原本》**

试图通过逻辑方法获取知识的第一人是马略卡哲学家拉蒙·柳利(Ramon LiuLi)。他想通过逻辑方法获得知识，因此发明了一些"逻辑机"。他的"逻辑机"虽然能够将基本的知识进行组合，并生成其他可能的知识，但是还不能普遍运用。尽管如此，柳利的"逻辑机"理论对后世还是产生了重要的影响，特别是对莱布尼兹(Leibniz)产生了很大的影响。

莱布尼兹在柳利的理论基础上进行了进一步思考，研究能否将人类思想进行机械计算。17 世纪中叶，莱布尼兹、霍布斯(Hobbes)和笛卡儿(Descartes)先后尝试将人类的理性思考转化为代数或几何学那样的推理模式。

莱布尼兹说："哲学家之间，就像会计师之间一样，不再需要争辩。他们只需要拿出铅笔放在石板上，然后向对方说：'我们开始演算吧。'"他设想了一种用于推理的普适语言，能够把推理通过计算的方式表达出来。莱布尼兹和 17 世纪的哲学家们提出的一些假设对 AI 研究具有重要的指导作用。

## 1.2.4 计算机科学

计算工具的发展经历过以下 4 个阶段。

第一阶段，手动式计算工具，以中国古代算盘(见图 1-7)为代表。

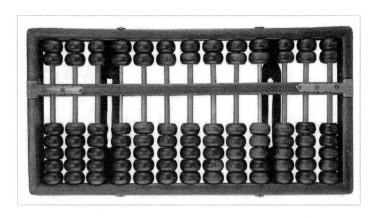

图 1-7　中国算盘

第二阶段，机械式计算工具，如 1642 年法国哲学家和数学家帕斯卡(Pascal)发明的加减法计算机(见图 1-8)。

图 1-8　帕斯卡发明的加减法计算机

帕斯卡加减法计算机是世界上最早出现的计算器。为了纪念这位伟大的先驱者，后人将一种计算机程序语言——PASCAL——以他的名字命名。

第三阶段，机电式计算机，如 1886 年霍勒瑞斯(Hollerith)制造的制表机(见图 1-9)。

霍勒瑞斯的制表机参加了美国 1890 年的人口普查，让原本需要 10 年才能完成的普查工作仅用了 1 年零 7 个月就完成了，这是人类历史上第一次利用计算机进行大规模的数据处理。

第四阶段，电子计算机，如 1946 年诞生的 ENIAC(见图 1-10)。

图 1-9　霍勒瑞斯和制表机

图 1-10　电子计算机 ENIAC

ENIAC 是世界上第一台电子计算机，它的出现意味着人类开始步入电子计算机时代。

第一批现代计算机是第二次世界大战期间创建的大型译码机，如 Z3、ENIAC 和 Colossus 等。其中，ENIAC 与 Colossus 的理论基础是图灵(Turing)与约翰·冯·诺伊曼(John von Neumann)提出和发展的学说。

约翰·冯·诺伊曼在 1945 年 6 月发表了 EDVAC 草案，草案中指出，计算机的基本组成部分是运算器、控制器、存储器、输入与输出设备，并对这几个部分之间的关系进行了相关论述。约翰·冯·诺伊曼关于现代计算机基本结构的确立理论，成为后世计算机遵循的法则。

**专家提醒**

现代计算机经历了以下 4 个发展阶段。

- 第一代(1946—1957)，电子管是这个时期计算机使用的主要元器件。
- 第二代(1958—1964)，晶体管是这个时期计算机主要的逻辑部件。
- 第三代(1965—1970)，晶体管被中小规模集成电路所代替。
- 第四代(1971 年至今)，使用大规模或超大规模集成电路。

# 1.3　影视作品中的人工智能

人工智能是什么？如果理论上人们很难理解这个概念，那么我们还可以从影视作品中寻找它的身影。

## 1.3.1 《大都会》：开启科幻电影的大门

第一部科幻电影是 1927 年美国拍摄的《大都会》。该部影片是对未来社会的设想，内容涉及机器人、可视电话等技术，该电影打开了机器人科幻电影的大门。如图 1-11 所示为《大都会》的搜索信息。

图 1-11 《大都会》的搜索信息

继《大都会》之后科幻电影陆续袭来，冲击着观众的大脑，也给人们提供了了解人工智能的窗口。如图 1-12 所示为《大都会》电影中的机器人。

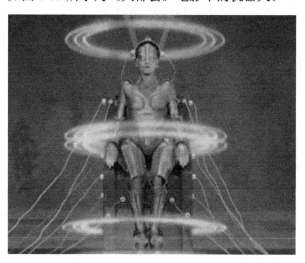

图 1-12 《大都会》中的机器人

《大都会》中还出现了先进的通信工具，如图 1-13 所示的可视电话。

图 1-13　《大都会》中的可视电话

## 1.3.2　《终结者》：计算机系统具备思想，对战人类

故事发生在公元 2029 年，全球被名为"天网"的计算机统治，人类也接近灭亡，人类与"天网"展开了殊死搏斗。

影片中，终结者机械师 T-800(见图 1-14)是一个被人类皮肤和肌肉包裹着的超合金钢铁机器人。

图 1-14　终结者机械师 T-800

"天网"原本是美国研制的一套计算机防御系统，它可以对整个互联网进行控制。启用之初，研究人员认为"天网"的稳定性还不是特别高，因此就将它暂时搁置。

在研制过程中，"天网"不再是纯粹的防御系统，它具备了自己的意志和思想，并且将人类视为自己最大的威胁，因此它要消灭这些阻碍。如图 1-15 所示为"天网"示意图。

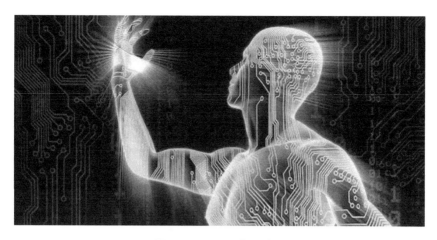

图 1-15　"天网"示意图

### 1.3.3　《黑客帝国》：人类与机器人大战

该影片描述的是 22 世纪机器人统治世界，与人类爆发战争。人类数次战败，不得不切断机器人的能源(太阳能)。如图 1-16 所示为此电影中的章鱼机器人。

机器人为了获得能源就创造并使用一种新的能源——生物能源。生物能源就是通过基因工程不断地创造新的人，为了获取这些能源，机器人的母体——人工智能程序需要控制大部分人的思想，为此它们将这些人与矩阵对接，使他们生活在虚拟世界之中。如图 1-17 所示为《黑客帝国》电影中的矩阵。

图 1-16　《黑客帝国》中的章鱼机器人

图 1-17　《黑客帝国》中的矩阵

## 1.3.4　《机器人瓦力》：人类最后一台机器人清洁工

《机器人瓦力》是一部关于清扫型机器人——瓦力的动画片。如图 1-18 所示为瓦力与 Eva。

瓦力是一台在地球上生活了 700 年的机器人，它每天的工作内容就是打扫卫生、清理垃圾。太阳能是它的能源，它的手臂由液压控制，数码摄像机就是它的双眼，并且在双眼之间还配有激光切割器。

瓦力尽管是机器人的外形，但是具备了人类的某些特点。首先，它能够在自己"受伤"的情况下给自己"治病"——更换坏掉的履带；其次，它还具备人类的某些情感，如富有爱心、有好奇心、有自己的兴趣爱好等；最后，瓦力还喜欢听歌，并且能够使用数码录音设备将自己喜欢的歌曲录下来。

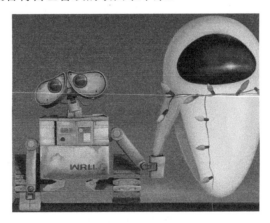

图 1-18　瓦力与 Eva

不仅如此，瓦力后来还喜欢上了来自太空的探测器机器人伊芙(被瓦力称为 Eva)。

《机器人瓦力》是第一部将环保题材通过科幻电影的方式表达出来的作品。瓦力日复一日地重复着清洁工作，以拯救早已被人类破坏得满目疮痍的地球。而人类却逃离地球，去太空旅行。瓦力与人类之间形成鲜明对比，这部电影的含义远远超过一般的动画、科幻题材。

后来，"机器人瓦力"不再只是动画电影里面虚构的电影形象了，它来到了我们的现实生活之中。英特尔在一次信息技术峰会上，展示了一款最新的产品——Intel 酷睿 2。"Intel 酷睿 2"是一款处理器识别的智能机器人，它在外形上与瓦力特别像。不仅如此，"Intel 酷睿 2"还能够进行自我介绍、与人握手。另外，"Intel 酷睿 2"的腹部配有平板电脑，能够显示它所看到的画面。"Intel 酷睿 2"的出现标志着英特尔进入了更高的智能阶段。

## 1.3.5 《超验骇客》：实现人工智能的另一种方法

《超验骇客》中实现人工智能的方法是将人的意识与超级电脑连接，使人变成超级实验的参与者。

影片中的威尔博士是人工智能领域杰出的研究者，他工作的主要目标就是创造出世界上具有人性化的机器人。威尔遭到暗害后，他的妻子不得已将威尔的思想与超级电脑连接。威尔居然通过电脑给妻子以回应。如图 1-19 所示为《超验骇客》的宣传海报。

图 1-19 《超验骇客》的宣传海报

# 第 2 章

## 5 个时代，发展脉络

人工智能技术发展至今已经历了 5 个时代，在每一个时代都会有一个人或者一件事来撑起人工智能这座科学大厦。从 1.0 到 5.0，人工智能技术在发展的道路上克服了一个又一个难题，终于迎来了它的春天。

本章将详细介绍人工智能技术的发展历程。

▶ 人工智能 1.0 时代：计算推理，奠定基础

▶ 人工智能 2.0 时代：知识表示，走出困境

▶ 人工智能 3.0 时代：机器学习，迎来曙光

▶ 人工智能 4.0 时代：深度学习，蓬勃兴起

▶ 人工智能 5.0 时代：快速发展，探索未来

# 2.1 人工智能 1.0 时代：计算推理，奠定基础

20 世纪 40—60 年代，人工智能进入 1.0 时代。在这个时期，英国人阿兰·图灵参与的一次关于人工智能的会议，撑起了人工智能这座科学大厦。与此同时，计算机技术也在这一时期取得了很大的进步。

## 2.1.1 早期神经网络研究

早期神经网络研究发现，大脑是由神经元组成的电子网络。1943 年，神经科学家沃伦·麦卡洛克(Warren McCulloch)与逻辑学家沃尔特(Walter)一起通过数学与阈值逻辑算法制造了一种关于神经网络的计算模型，该模型通过了两人关于对不同类别的输入进行识别的测试。关于神经网络的研究由此开始分为两个方向，其中就包括对神经网络应用于人工智能的研究这一方向。如图 2-1 所示为人工神经网络示意图。

之后，他们的学生马文·闵斯基(Marvin Minsky)在 1951 年共同制造了一台名为"SNARC"的神经网络机。马文·闵斯基对人工智能的研究具有杰出的贡献，因此他也被称为人工智能的奠基者(见图 2-2)。

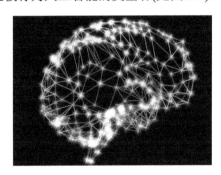

图 2-1 人工神经网络示意图

图 2-2 人工智能奠基者马文·闵斯基

**专家提醒**

马文·闵斯基是 1956 年达特茅斯会议的发起者，这次会议对人工智能的发展发挥了重要的作用，参加此次会议的众多科学家之后在人工智能领域都有相关研究成果。马文·闵斯基在 20 世纪 60 年代专注于"微世界"的研究，并且取得了一定的成果。但他在 20 世纪 70 年代对于人工智能的发展方向作出了错误的判断，导致人工神经网络的研究停滞了 10 多年。虽然马文·闵斯基的某些观点不符合人工智能的发展方向，但毋庸置疑的是，以他为代表的一批人工智能先驱者奠定了该领域研究的基础方法与数学理论。马文·闵斯基于 2016 年 1 月逝世，享年 88 岁。

## 2.1.2　艾伦·图灵与图灵测试

艾伦·图灵(Alan Mathison Turing)是英国著名的数学家、逻辑学家，被后世称为"计算机科学之父""人工智能之父"。

**专家提醒**

艾伦·图灵的一生犹如夏花一样灿烂。图灵除了在计算机、人工智能领域有重要影响之外，还在译码方面展露出非凡的天赋。在第二次世界大战期间，他为破译德军的译码作出了重大贡献，也因此获得了英国皇室授予的最高荣誉——不列颠帝国勋章，这是英国用来奖励为国家和人民作出巨大贡献的人的骑士勋章。

为了纪念艾伦·图灵在数学上的杰出贡献，美国计算机协会在 1966 年设立了"图灵奖"，用以表彰在计算机领域作出重大贡献的人，图灵奖被称为"计算机界的诺贝尔"。

《科学美国人》杂志曾经这样评价艾伦·图灵："个人生活隐秘又喜欢大众读物和公共广播，自信满怀又异常谦卑。一个核心悖论是，他认为电脑能够与人脑并驾齐驱，但是他本人的个性却是率性而为、我行我素、无法预见，一点儿也不像机器输出来的东西。"如图 2-3 所示为艾伦·图灵在剑桥大学参加体育比赛。

1936 年，艾伦·图灵向伦敦一个权威的数学杂志投了一篇名为《论数字计算在决断中的应用》的论文，该论文一经发表就引起了广泛关注。艾伦·图灵在这篇论文里面提及了一种机器——图灵机(见图 2-4)。

图 2-3　艾伦·图灵在剑桥大学参加体育比赛

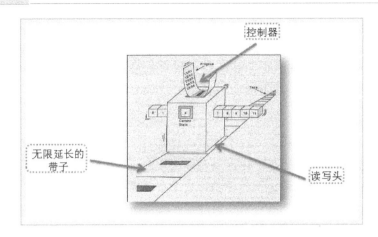

图 2-4　图灵机

图灵机的出现第一次使纯数学的逻辑符号与现实世界建立了联系。之后所熟知的电脑以及人工智能，都建立在这个设想之上。

艾伦·图灵在 1950 年发表的《计算机器与智能》一文，成为之后人工智能科学的开创性构思，并且提出了影响深远的"图灵测试"。

"图灵测试"由三部分组成：计算机、被测试的人、主持人或试验人。测试过程是让主持人进行提问，由计算机与被测试的人进行回答(两者被隔离开来)。计算机尽量模拟人的思维回答问题，被测试的人则尽量表明自己是"人"。"图灵测试"对计算机智能与人类智能进行了形象的描绘，因此也成为后来检测计算机是否智能的重要方法。

1956 年，艾伦·图灵发表了《机器能思维吗》一文。这个时期人工智能已进入实践阶段。艾伦·图灵关于机器智能的理论直接影响了人工智能的发展，并延续至今。

## 2.1.3　1956 年达特茅斯会议：人工智能问世

1956 年对于工程师而言注定是不平凡的一年，"人工智能" 一词终于问世。人工智能的出现凝聚了众多数学家和工程师的努力成果，数学家为人工智能打下了坚实的理论基础，工程师则攻克了技术难关。

1956 年 8 月，一批学者打破了位于美国汉诺斯小镇的达特茅斯学院的宁静，举行了影响人类技术发展的一次会议。如图 2-5 所示为达特茅斯学院。

这次会议的参与人员主要是达特茅斯学院的成员，包括马文·闵斯基(Marvin Minsky，哈佛大学数学与神经学初级研究员)、约翰·麦肯锡(John McCarthy，达特茅斯学院助理教授)、克劳德·香农(Claude Shannon，贝尔电话实验室数学家)、艾伦·纽厄尔(Allen Newell，计算机科学家)、赫伯特·西蒙(Herbert Simon，诺贝尔经济学奖得主)等。如图 2-6 所示为达特茅斯会议的部分与会人员。

图 2-5    达特茅斯学院

图 2-6    达特茅斯会议部分与会人员

达特茅斯会议的主要内容为机器因模仿人类的学习以及其他技能变得智能化。达特茅斯会议开了一个月，期间各位专家并没有对"人工智能"达成普遍共识，但是会议明确提出了"人工智能"一词，因此 1956 年被认为是人工智能元年。

达特茅斯会议结束后，人工智能迎来了快速的发展。机器证明是这一时期最先取得重大进展的领域之一。

## 2.1.4    人工智能取得的初步成就：Checkers 程序

Checkers 程序就是国际象棋程序。早在 1952 年，艾伦·图灵就编写了一个国际象棋程序，由于当时计算机水平的限制，图灵的国际象棋程序以失败告终。

到了 20 世纪 50 年代中期，一些科学家利用 MANIAC 巨型计算机设计了一个弈棋程序，依据这个程序下过三盘棋：第一盘，程序自己对弈，白方获得胜利；第二盘，程序与大师对弈，但是对方让一颗"皇后"，大师获胜；第三盘，程序与一名新手对弈，结果程序仅下 23 步就获胜。第三盘棋意味着在智力游戏中人类首次败给计算机。

1957 年，波恩斯坦(Bornstein)利用 IBM704 编写了世界上第一个成熟的国际象棋程序。

## 2.1.5 "逻辑理论家"程序

参加达特茅斯会议的人员赫伯特·西蒙将他的成果"逻辑理论家"程序带到了此次会议上。西蒙的"逻辑理论家"程序是当时唯一的有关人工智能的程序，因此"逻辑理论家"一出现就引起了与会人员的广泛关注。

"逻辑理论家"程序成功地证明了《数学原理》一书中提到的 38 个定理，而其中部分定理的证明内容比原著更加精简。因此，西蒙认为他们已经"解决了神秘的心/身问题，解释了物质构成的系统如何获得心灵的性质"。

# 2.2 人工智能 2.0 时代：知识表示，走出困境

达特茅斯会议之后，人工智能进入了另一个阶段——2.0 时代，迎来了它的黄金时期。尽管在人工智能 2.0 时代，人工智能中的专家系统获得了良好的发展，但是繁荣背后往往隐藏着困境，人工智能在这个阶段受到了短暂的冷落，但是这无法阻止程序员们攻克技术难题。

## 2.2.1 搜索式推理

在人工智能发展的黄金时期，研究者们会不约而同地使用同一种方法——搜索式推理。所谓搜索式推理，就是"为了实现一个目标(比如定理证明、赢得比赛)，这个算法会不断前进，如果遇到阻碍，就会返回重新进行计算"。比如，我们玩的迷宫游戏(见图 2-7)就是搜索式推理。

在游戏过程中，从迷宫入口进去，沿着某条路线前进，当走错方向以至于走进死胡同时，返回上一个路口，再重找出路。我们玩的迷宫图比较简单，多试几次就会找到正确的路线。

搜索式推理用在人工智能方面会面临一个问题，那就是"路线太多"。研究者们想出了另外

图 2-7 迷宫游戏

一种算法——启发式算法来去掉不会提供正确答案的"路线"，从而缩小搜索范围。

之后，新的算法不断出现，其中较为成功的是 1958 年由詹姆斯·斯拉格(Herbert Gelernter)开发的几何证明定理机，以及他开发的 SAINT。这两个成果都是建立在搜索算法基础上证明几何与代数问题的程序。

## 2.2.2　自然语言

对于自然语言的处理是实现人机对话的重要方法，自然语言处理也是人工智能领域的一个重要分支。早期关于自然语言研究最为成功的是一款名为 STUDENT 的程序，它能够成功解答高中程度的代数应用题。

要实现计算机与人类的对话，计算机就要理解语言中的语义关系。用节点表示语义的概念(如"人""阶级")，用节点间的连线表示语义关系(如"一个")，这样就可以构造出"语义网"(见图 2-8)。

第一个实现人机对话的程序是 20 世纪 60 年代由约瑟夫·魏泽堡(Joseph Weizenbaum)开发的 Eliza。在自然语言问题还没有得到有效解决的条件下，Eliza 的出现着实令人惊讶。

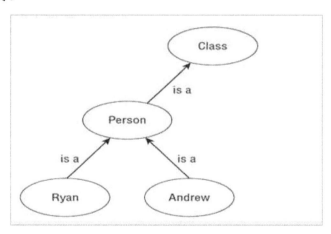

图 2-8　语义网

其实，Eliza 可以按照设定好的套路作答，或是利用程序内部设定的方式按照一定的语法将用户提出的问题进行复述。而在 Eliza 与用户的聊天过程中，其对自然语言的处理方式会使用户觉得自己是在与真实的人交谈。

## 2.2.3　微世界

在人工智能范畴内，微世界指的是存在于场景中能帮助人们理解的简化模型。它

**AI 人工智能：发展简史+技术案例+商业应用(第 2 版)**

是学科发展到一定程度的体现。简化模型是把模型进行简化使其更容易使用和计算。

这一理念最早是由麻省理工学院 AI 实验室的研究者们提出来的。他们认为，在人工智能发展过程中，有必要专注研究人工智能的"微世界"简单场景。

这一理论为人工智能的发展指明了重要方向，同时也使人工智能领域相关技术得到了发展，具体如图 2-9 所示。

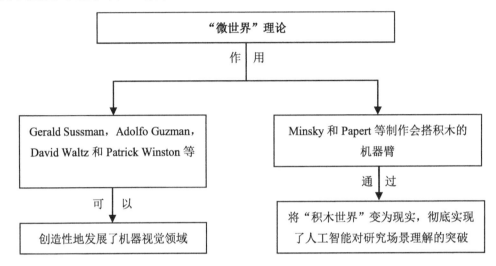

图 2-9 "微世界"理论

随着"微世界"理论的应用发展，代表其理论最高成就的程序——Terry Winograd 建立的 SHRDLU 系统出现了。这一程序支持用普通的英语句子进行人机交互，更重要的是，它还能实现更加智能化的功能——作出决策和执行操作。

## 2.2.4 专家系统

专家系统是一种智能计算机程序系统。这一系统包含已经编为程序的众多人类专家的知识和经验。根据这些知识和经验，专家系统可以进行推理和判断，并模拟人类专家来解决复杂的问题。关于专家系统与人工智能的关系如图 2-10 所示。

在人工智能 2.0 时代，爱德华·费根鲍姆开发了首个专家系统——DENDRAL，其功能在于可以推断化学分子的结构和判别未知的有机化合物。

在 20 世纪 70 年代初，基于人工智能 1.0 时代的 LISP 语言功能，美国斯坦福大学的科研人员进行了专家系统的编写。另外，人工智能 2.0 时代的"专家系统"典型代表——MYCIN 系统，是一种单学科专业型、应用型系统，主要应用于医疗领域，帮助医生对血液感染者进行诊断并提供抗生素类药物选择。

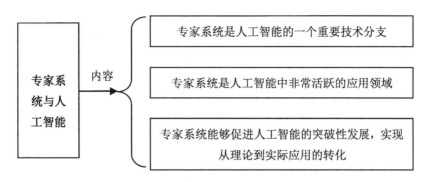

图 2-10　专家系统与人工智能的关系

## 2.2.5　2.0 时代的启示

在 2.0 时代，人工智能技术获得了极大的发展，特别是人工智能灌输知识的主导方式，在知识的处理和形式化推理方面已经形成了比较成熟的理论和经验。

但是也正是因为这一以知识为主导的方式，在发展过程中出现了两个方面的难题，具体内容如图 2-11 所示。

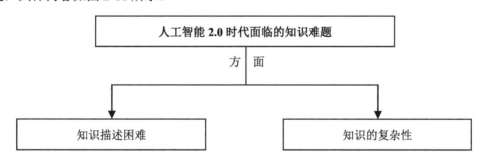

图 2-11　人工智能 2.0 时代面临的知识难题

以机器翻译为例，当一句具有多义性的话语出现时，就需要根据具体的情境设置和经验判断进行翻译，而这一问题在机器翻译中要想实现是不可能的。

可见，如何利用人工智能把常识进行具体应用，是这一阶段人工智能难以解决的问题，因此人工智能的发展进入了一个知识获取和处理的瓶颈期。知识导入在使人工智能发展到一个新高度的同时，反过来又阻碍了人工智能的发展，从而间接导致了人工智能 2.0 时代的消退。

## 2.2.6　1974—1980 年陷入低谷

20 世纪 70 年代，人工智能在经历了一段时间的快速发展后，由于研究者们没有兑现项目研发的承诺，开始遭遇批评，致使研究经费逐渐转移到一些目标明确的特定项目上。人工智能的发展开始放缓。

1973 年，针对英国 AI 研究状况的报告，莱特希尔(Lighthill)进行了批评，指出其在实现"宏伟目标"上的完全失败，这进一步使用于人工智能项目研究的资金流向其他领域。人工智能的发展由此进入第一次低谷时期。

人工智能研究项目之所以发展缓慢，除了资金方面的原因外，主要还有技术方面的原因。如图 2-12 所示为人工智能项目研究遇到的一些技术难题。

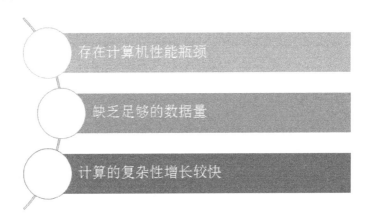

图 2-12　人工智能项目研究遇到的技术难题

# 2.3　人工智能 3.0 时代：机器学习，迎来曙光

在人工智能 2.0 时代，知识的获取途径始终是一个难以解决的问题，而人工智能要想获得发展，就必须在这一方面有所突破。互联网的出现为这一难题的解决提供了契机，人工智能发展进入了一个新的时代——人工智能 3.0 时代。

在这一时期，由于数据量的剧增，人工智能开始由知识获取阶段进化到机器学习阶段。

## 2.3.1　专家系统获得认可

专家系统在人工智能 2.0 时代出现，在 3.0 时代获得了认可，并被诸多公司采纳。

随后，在 1980 年，卡内基·梅隆大学设计的专家系统 XCON 在公司运营方面取得了巨大的成效——为数字设备公司节省了 4000 万美元。这是一项成功的应用程序，为专家系统融入商业市场提供了借鉴。从此，专家系统有了成功的商业模式，相关产业也就相继产生了，如图 2-13 所示。

自从专家系统获得了认可并应用于商业发展中，其所创造的价值不容小觑，仅专家系统产业价值就达 5 亿美元，这还只是在初创阶段的产业纯价值。

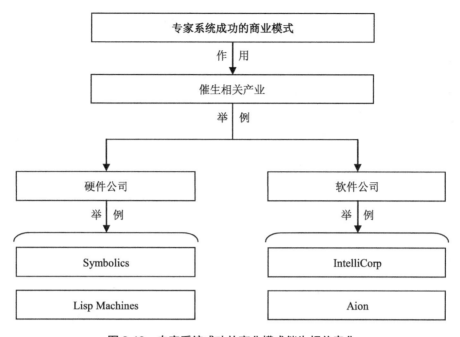

图 2-13　专家系统成功的商业模式催生相关产业

## 2.3.2　互联网出现

互联网出现的标志是蒂姆·博纳斯·李(Tim Berners-Lee)——"互联网之父"——在 1990 年开发了第一个网页浏览器。而互联网获得爆发性发展，则是受到了 1993 年马克·安德里森开发的 Mosaic 浏览器(见图 2-14)在市场上推广的影响。

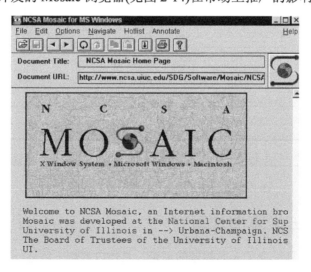

图 2-14　Mosaic 浏览器界面

在互联网爆发式发展阶段，与之相关的技术、领域都向前迈进了一大步，具体内容如表 2-1 所示。

表 2-1　互联网相关技术、领域的发展

| 时　间 | 成　就 | 意　义 |
|---|---|---|
| 1998 年 | 谷歌搜索引擎出现 | 开始重视数据的搜集和利用，解决了人工智能领域关于自然语言的处理问题，人工智能技术获得了进一步发展 |
| 1996 年 | "机器学习"得以定义 | 机器学习成为人工智能一个重要的研究领域 |
| 1997 年 | "机器学习"进一步定义 | 一种能够通过经验自动改进计算机算法的研究技术 |

## 2.3.3　资助第五代工程

1981 年，日本宣布研究第五代计算机，接着于 1982 年制订了具体的项目发展计划——"第五代计算机技术开发计划"。这一计划的具体内容如图 2-15 所示。

紧随其后，英国、美国等发达国家顺应这一技术发展趋势，修改人工智能第一次低谷时期的政策，开始提供大量资金支持对人工智能和信息技术领域的研究。

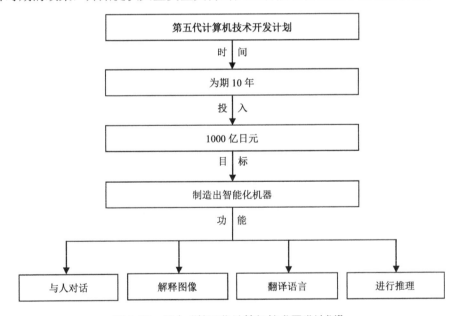

图 2-15　日本"第五代计算机技术开发计划"

## 2.3.4　联结主义重回视野

联结主义是一种综合了 3 大领域的理论，具体内容如下所述。

● 人工智能。

● 心理哲学。

● 认知心理学。

在上述 3 大领域的统合下，联结主义形成了不同的形式。其中，最常见的形式是利用 20 世纪 80 年代开始重新流行的神经网络模型。

1982 年，美国加州理工学院物理学家约翰·霍普菲尔德(John Hopfield)发明了新一代神经网络模型，开启了人工神经网络学科的新时代。如图 2-16 所示为 Hopfield 神经网络模型。

20 世纪 80 年代，网络取向的联结主义取代了符号取向的认知主义，成为现代认知心理学的理论基础。

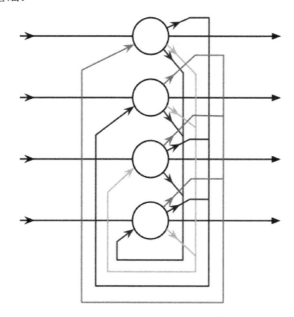

图 2-16　Hopfield 神经网络模型

## 2.3.5　1987—1993 年步入寒冬

人工智能 3.0 时代经过了 7 年的发展，在逐渐走向繁荣的过程中也遭遇了前所未有的危机——专家系统不再独领风骚，基于专家系统商业应用发展起来的硬件公司所生产的通用型计算机开始落伍，其性能优势所形成的独特地位逐渐被苹果和 IBM 生产的台式计算机取代。而这一年恰是人工智能 3.0 时代发展的第 7 年，也是这一时代的人工智能发展开始步入"寒冬"的第 1 年。

雪上加霜的是，人工智能的发展再次遭遇经费危机，陷入了发展僵局，其原因是人们对"专家系统"的失望和对人工智能的质疑，具体表现如图 2-17 所示。

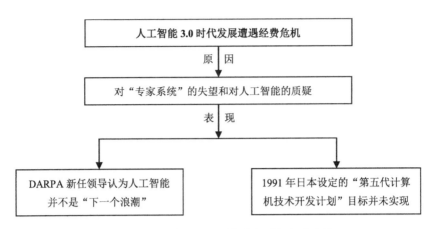

图 2-17　人工智能 3.0 时代发展遭遇经费危机

## 2.3.6　躯体存在的必要性

20 世纪 80 年代后期，基于机器人的研究成果，研究者们制定了人工智能新的发展方案。他们认为，无论是人工智能的发展还是其设备的发展，都需要一定的物理机制作为基础，也就是人工智能设备需要一个可以提供感知运动技能的躯体。

研究者们对物理机制和符号处理进行了以下规定。

● 人工智能需要"自底向上"地理解和感知运动的物理机制。

● 人工智能在前一基础上进行智能模型的符号处理。

新的人工智能发展方案是在对原有理论反思的基础上提出的。研究者们开始充分重视躯体对推理的作用，具体内容如图 2-18 所示。

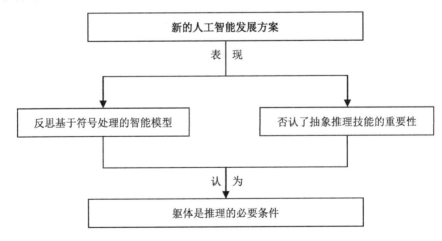

图 2-18　新的人工智能发展方案理论解读

# 2.4 人工智能 4.0 时代：深度学习，蓬勃兴起

2006 年，杰弗里·希尔顿(Jeffrey Hilton)等人提出了"深度学习"的概念，这一概念的提出表明了机器学习的又一大进步。而人工智能技术在经历了从 1.0 到 3.0 阶段的发展后，有望通过"深度学习"再度获得巨大的发展机遇，步入新的发展阶段。

## 2.4.1 1997 年深蓝大胜加里·卡斯帕罗夫

深蓝(见图 2-19)是 IBM 公司研制的一台超级国际象棋计算机，它也是当时人工智能领域的重要成果。

图 2-19 深蓝计算机

1997 年，深蓝计算机与国际象棋世界冠军加里·卡斯帕罗夫(Carry Kasparov)进行比赛，最终战胜了加里·卡斯帕罗夫。

深蓝在人机对抗中首次获胜的结果表明，计算机可以代替部分人的工作，其结果甚至有可能超越人类。因此，也可以说人类在发展人工智能技术的同时，却被其创造物超越已经成为事实。

## 2.4.2 2005 年机器人斩获 DARPA 头奖

DARPA(Defense Advanced Research Projects Agency，美国国防高级研究计划局)机器人挑战赛是由 DARPA 举办的一项机器人领域的重大赛事。

在 2005 年 10 月举办的 DARPA 机器人挑战赛上，斯坦福(Stanford)开发的名为 Stanley 的机器人最终获得了冠军。如图 2-20 所示为 Stanley 机器人汽车。

机器人 Stanley 是在美国大众电气研究实验室提供的原车基础上进行改装的，具体改装构建功能如表 2-2 所示。

表 2-2　Stanley 的改装装置

| 装　　置 | 位　置 | 功　　能 |
|---|---|---|
| 5 颗雷达单元 | 车顶部 | 与 GPS 一起，可以更好地构建周围环境的三维模型 |
| 1 个摄像头 | 车顶部 | 探测周围汽车行驶状况，确定超车的可行性 |
| 码表 | 轮胎上 | 更精准地测定里程 |
| Linux 系统和 6 颗奔腾 M 处理器 | 车厢内 | 用来处理数据 |

图 2-20　Stanley 机器人汽车

## 2.4.3　2016 年人工智能 AlphaGo 大战李世石

2016 年，人工智能程序 AlphaGo 与韩国职业九段棋手李世石进行了围棋人机大战，其结果却让所有人大跌眼镜，AlphaGo 以 4∶1 赢得了此次比赛。

在这次比赛中，AlphaGo 能自己学习，此处的"学习"既包括其已有的围棋知识，也包括在比赛过程中现场学习对手的下棋方法。这表明，人工智能的机器学习技术得到了进一步发展。

## 2.5　人工智能 5.0 时代：快速发展，探索未来

近年来，科学技术发展的步伐越来越快，我们可以明显地感觉到科技进步给我们的生活带来的变化。经过前 4 个时期的经验积累，人类在智能人工领域也取得了重大突破和进展。下面笔者就和大家一起来聊聊人工智能的 5.0 时代。

## 2.5.1　第一个拥有国籍的人工智能机器人

2017 年 10 月 26 日，智能机器人"索菲亚"被沙特阿拉伯授予公民身份，成为历史上第一个拥有国籍的机器人。索菲亚拥有仿生橡胶皮肤，可以模拟人类的 60 多种表情，其"大脑"采用了人工智能算法和谷歌语音识别技术，可以识别人类面部、理解人类语言，能够记住与人类的互动，并与人进行眼神接触。

如图 2-21 所示为智能机器人"索菲亚"。

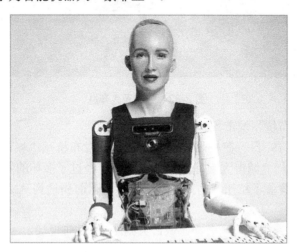

图 2-21　智能机器人"索菲亚"

2018 年 8 月 24 日，在线教育集团 iTutorGroup 聘请索菲亚担任人类历史上首位 AI 教师，开创了在线教育新纪元。索菲亚最擅长的就是表达情绪，能够聪明地和人进行对话，这使得它成为媒体中的宠儿，被媒体评为"最像人的机器人"。

"索菲亚"获得公民身份的事件说明了人工智能越来越人性化，也预示着未来人工智能机器人与人类共存成为可能。

## 2.5.2　2018 年：人工智能爆发元年

当时间进入到 2018 年时，人类在人工智能领域取得了一系列进展和成果，那么这一年，人工智能领域究竟发生了哪些大事件呢？下面一起来看看吧。

1）　百度：无人车亮相央视春晚

2018 年 2 月 15 日，百度阿波罗无人车在春晚的荧幕上首次亮相。它引领着上百辆车队在大桥上完成了"8"字交叉跑的高难度动作，给全国观众带来了一场极具感官刺激的黑科技表演。

如图 2-22 所示为百度无人车队在大桥上穿行而过的场景。

图 2-22　百度无人车队

2)　阿里：发布杭州城市大脑 2.0

2018 年 9 月 19 日，在杭州云栖大会上正式发布杭州"城市大脑 2.0"。早在 2016 年的时候，杭州"城市大脑"首次对外公布，经过了多年的发展，"城市大脑"功能日趋完善，它覆盖了杭州市的大部分市区，覆盖面积达到 420 万平方千米，相当于 65 个西湖的面积。

如图 2-23 所示为杭州云栖大会"城市大脑 2.0"发布现场。

图 2-23　杭州"城市大脑 2.0"发布现场

"城市大脑"其实就是一个智慧城市系统，它可以连接分散在城市各个角落的数据，通过对大量数据的整理和分析来对城市进行管理和调配。城市大脑使杭州市的交通拥堵现象得到了明显的改善。

3)　腾讯：发布 AI 辅诊开放平台

2018 年 6 月 21 日，腾讯正式发布国内首个 AI 辅诊开放平台。该平台可以帮助医生提高常见疾病诊断的准确率和效率，为医生提供智能问诊、参考诊断、治疗方案等服务。通过 AI 辅诊医疗引擎，腾讯把 AI 人工智能在医疗领域所取得的成果慢慢惠及大众。如图 2-24 所示为腾讯觅影官网 AI 辅诊开放平台的联系方式。

图 2-24　AI 辅诊开放平台的联系方式

4)　新华社：首个"AI 合成主播"上岗

2018 年 11 月 7 日，在第五届互联网大会上，新华社联合搜狗公司发布了全球首个"AI 合成主播"。在大会现场，"AI 合成主播"顺利地完成了 100 秒的新闻播报工作，其屏幕上的样貌、声音以及手势动作简直和真人主播别无二致，如图 2-25 所示，它的出现引起了新闻界的轰动。

图 2-25　AI 合成主播

### 2.5.3　2019 世界人工智能大会

2019 年 8 月 29 日至 8 月 31 日，世界人工智能大会在上海世博中心(主会场)举办，大会的主题是"智联世界，无限可能"。这次大会聚集了全球智能领域的高端人才和社会精英，促进了人工智能领域的技术交流与合作。

如图 2-26 所示为 2019 世界人工智能大会的交流对话现场。

**图 2-26　2019 世界人工智能大会交流对话现场**

大会汇聚了全世界 300 多家重量级企业参展，同比 2018 年增加了 50%，16 家龙头企业成为战略合作伙伴，100 多家企业在大会上达成合作协议。在大会期间展示的科技产品涵盖智能手机、5G 通信、物联网、智能家居等多个领域，此次会议可以说是 2019 年人工智能领域的重要事件之一。

# 第 3 章

## 研究价值，全面分析

学前
提示

人工智能技术作为走在时代前沿的新兴技术，是人类历史上一项了不起的发明。它拥有巨大的价值，能为社会发展和科技进步提供机遇。

本章将论述人工智能技术的研究价值、生活价值和商业价值，为读者呈现一个崭新的人工智能时代。

要点
展示

▶ 人工智能技术的研究价值
▶ 人工智能技术的生活价值
▶ 人工智能技术的商业价值

# 3.1　人工智能技术的研究价值

人工智能作为一门新兴的技术科学，无论是从其自身及其产品来看，还是从其对社会的影响来看，都具有巨大的价值。

## 3.1.1　人工智能在应用中的实际价值

人工智能技术之所以能够存在并获得发展，是因为其具有三大技术优势，具体如图 3-1 所示。

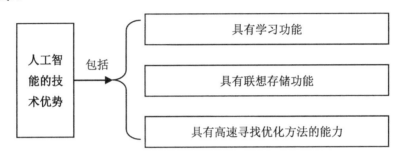

**图 3-1　人工智能的三大技术优势**

因此，人工智能得到了广泛的应用，并在这一过程中产生了巨大的影响。关于人工智能在应用中的实际价值，大体可从两个方面加以论述，具体内容如下所述。

### 1．带来新的行业创新

从行业领域来看，人工智能在语音识别、图像识别、人机交互和大数据四大领域有着广泛的应用。它逐渐渗透各行各业，带动了各行各业的创新，其中医疗、通信和与交通相关的制造业更是发展迅速。

从企业来看，人工智能引发各大产业巨头进行新的布局，以开拓创新业务。比如谷歌，在传统行业内，其将人工智能与互联网技术相结合，并进行细分领域的人工智能产品研发和人工智能技术研发，计划使人工智能进一步影响人们的生活。

可见，在人工智能与互联网结合的时代，人工智能应用的价值就在于带给传统行业新的发展机遇，催生新业务，推动大众创业、万众创新。

### 2．催生新的经济增长点

人工智能不仅能带来新的行业创新，还能催生新的经济增长点。根据我国的经济发展形势，人工智能的出现很好地实现了"互联网+人工智能""大数据+人工智能"的战略应用，而这些符合经济发展需要的组合式战略，将在实施过程中显示出其巨大的价值(见图 3-2)。

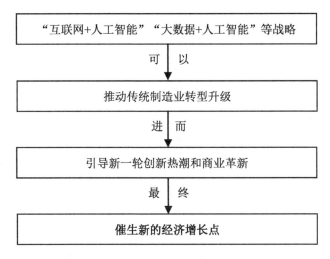

图 3-2 人工智能催生新的经济增长点的价值分析

# 3.1.2 人工智能技术产生的社会价值

随着人工智能技术在社会生活各领域的广泛应用和即将推进的深一层渗透，它将对人类社会产生巨大的影响。下面从两大角度具体介绍人工智能所产生的社会价值(见图 3-3)。

图 3-3 人工智能产生的社会价值

## 1．生活领域：智能化生活

在人类社会发展进程中，从纯粹的手工操作到机械化，是一个创新性、革命性的进步。人工智能的到来，将带给人们更加便利、舒适的生活。比如与我们的生活息息相关的智能家居，使用过程中我们就可以深切地感受到智能化生活带来的变化。如图 3-4 所示为智能化家居在日常生活中的具体体现。

图 3-4　智能化家居在日常生活中的具体体现

### 2. 生产领域：产业模式变革

人工智能技术在各领域的普及应用，触发了新的业态和商业模式，并最终促使产业结构发生深刻变革。其主要应用领域如图 3-5 所示。

图 3-5　人工智能技术的应用领域

## 3.1.3　人工智能技术研究的意义

从人工智能与互联网的结合中可以看出未来信息技术发展的趋势，即智能化的全面实现，这也是生产、生活领域在人工智能时代的创新表现。这一发展趋势既是人工智能的可能性表现，也是其发展和研究的意义所在。

下面对其研究的意义进行剖析，以揭示人工智能发展的内涵，指导读者进行前瞻性的思考。如图 3-6 所示为人工智能研究的意义。

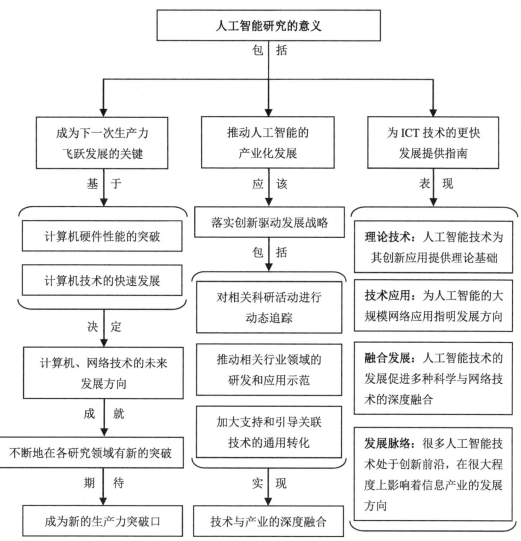

图 3-6　人工智能研究的意义

# 3.2　人工智能技术的生活价值

　　人工智能技术在日常生活中的广泛应用对人类的生活产生了巨大的影响，打造了一个全新的智能化生活环境，实现了人工智能技术的生活价值。如图 3-7 所示，从 7 个方面介绍了人工智能价值在生活层面的表现。

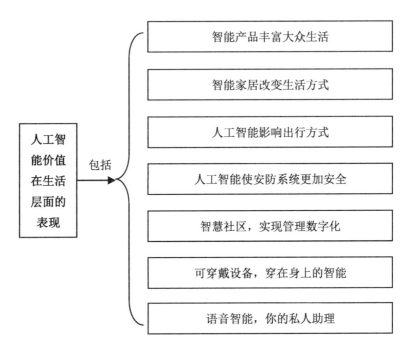

图 3-7　人工智能价值在生活层面的表现

## 3.2.1　智能产品丰富大众生活

如今，人工智能走出了"黑科技"的认知领域，智能产品已逐渐在人们的日常生活中无处不见，比如机器人、智能门锁和智能手环等。

可见，人工智能产品已经逐渐进入大众的生活当中，并以连接人与信息及服务为目标，实现了互联网、移动互联网用户的以下三大目标。

- 私人化。
- 个性化。
- 场景化。

百度是 BAT 中较早涉及人工智能领域的企业，它在人工智能方面的发展和应用也是处于前端的，并形成了多个领域和技术应用的产品线。百度的度秘就是其中的典型代表，它是一种对话式人工助理，能提供 3 个方面的解决方案，即智能家庭、智能手机和智能车载。

下面以智能手机为例，具体介绍度秘的解决方案。如图 3-8 所示为度秘的智能手机解决方案概述。

从功能方面来看，度秘包括 4 项内容：丰富资源、听懂所求、多轮沟通和智能日程(见图 3-9)。

在智能手机场景中，度秘可以让语音助手变得更加智能。通过按键或语音唤醒度秘，可以直接与其对话，获得相应的服务，有效地减少用户的操作路径。度秘与大数据信息相结合，能够辅助用户进行决策，提高效率，帮用户节省时间

**图 3-8　度秘的智能手机解决方案概述**

**丰富资源**

度秘作为百度人工智能集大成者，有服务生态的先天优势。在信息检索上汇集了百度搜索的丰富大数据；在导航路况上，有百度地图提供支持；在生活服务上，有糯米、外卖等众多资源，可以打造需求、检索、结果、获取服务的闭环。同时，度秘的开放平台还会在不久的未来引入更多的数据和更多的服务资源。

**听懂所求**

依托于百度强大的语音识别技术，度秘的识别速度和准确率都名列前茅。用户可以像和正常人交流一样与度秘沟通，进行口语化表达，并在第一时间得到度秘的反馈。

**多轮沟通**

通过百度的自然语言处理技术，度秘可以更准确地理解语义、找到信息。度秘在听得「懂」的同时，还可以在多轮沟通结合上下文进行检索，满足用户的复杂需求，完成决策闭环。做到真正的智能即理该做的事情，帮用户节省时间，享受智能化生活。

**智能日程**

作为一名合格的智能机器人助理，度秘可以打通信息、日程等工具，记住用户的提醒需求，并通过深度学习技术，使提醒动作更加智能。在诸如天气、道路拥堵等多维度变化时，根据智能算法，在正确的时间主动提醒用户，提高效率。

**图 3-9　度秘智能手机解决方案的功能**

而从这一解决方案的人机互动方式来看，它主要包括两方面的内容，即交互方式和接入方式。

- 交互方式：包括按键唤起和语音唤起。
- 接入方式：手机 HOME 键集成、系统功能模块集成、定制版 App 接入。

## 3.2.2　智能家居改变生活方式

随着互联网技术、智能终端和物联网的发展，智能家居经历了从设想到落地的过程，并不断地改变着人们的生活方式。比如人工智能机器人和智能门锁，就为人们的生活提供了便利。

人工智能机器人能利用人工智能技术为人们提供多项服务功能，如智能照明、智能娱乐等，具体如图 3-10 所示。

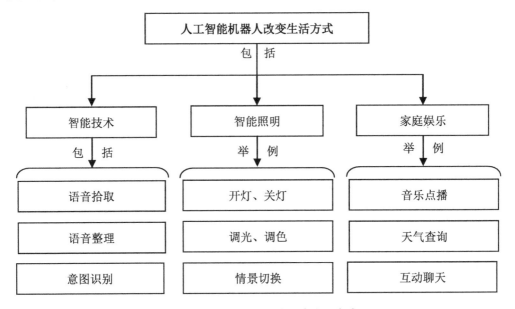

图 3-10　人工智能机器人改变生活方式

智能门锁作为智能家居的入门级必备产品，在生活中有着重要的地位，它改变了家庭安防方式。如图 3-11 所示为通过手机 App 对智能门锁进行远程操控。

如今，市场上的智能门锁一般具有多种功能，图 3-11 中提及的远程操控只是其中的一种。如图 3-12 所示为智能门锁的主要功能。

其实，智能家居在生活中的应用还有很多，这些应用促使人们的生活方式发生了巨大变化，实现了生活的舒适性、便利性、安全性、环保性和艺术性，让生活真正进入智能化时代。

图 3-11　通过手机 App 对智能门锁进行远程操控

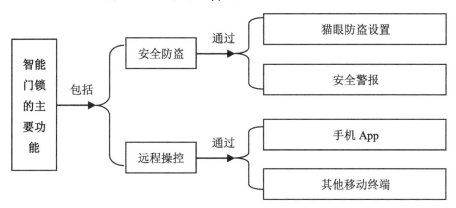

图 3-12　智能门锁的主要功能

## 3.2.3　人工智能技术影响出行方式选择

在交通运输方面，人工智能主要表现为无人驾驶的出现和应用。如图 3-13 所示为无人驾驶汽车。

图 3-13 中的无人驾驶汽车实现了交通运输的智能化，使人类的出行发生了巨大变化。然而这只是交通运输领域智能化的开始，更大范围、更大领域的智能化实现正在进行，它将为人们的出行方式开启一种全面智能化的选择应用。

例如，芬兰推出的智能交通工具 App——Whim，可以让用户自由选择合适的交通方式，实现市民出行的个性化体验，如图 3-14 所示。

图 3-13　无人驾驶汽车

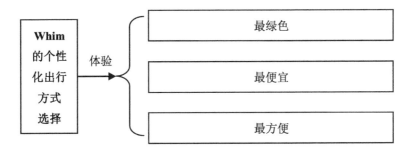

图 3-14　Whim 的个性化出行方式选择

在使用 Whim 的过程中，用户可以首先预订交通路线，然后通过各种交通工具的组合确保完成预订行程。其中，交通工具的选择可以根据图 3-14 中提供的不同体验方式来进行。Whim 通过人工智能优化了大众的出行方式。

## 3.2.4　人工智能使安防系统更加安全

安防领域是人工智能应用比较广泛的领域之一，这是由安防行业的市场发展现状所决定的，具体如图 3-15 所示。

在人工智能环境下，安防领域有了进一步的发展，其在安全性方面为人们提供了更多的保障，如图 3-16 所示。

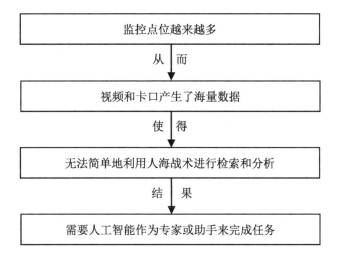

图 3-15　安防行业对人工智能的需要

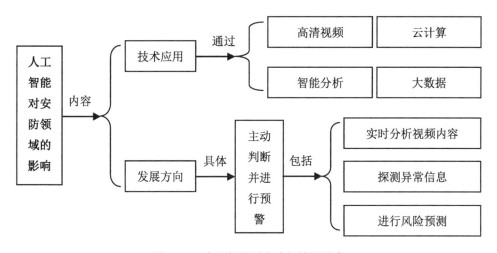

图 3-16　人工智能对安防领域的影响

## 3.2.5　智慧社区，实现管理数字化

所谓智慧社区，是指实现了管理和运作智能化的社区。从这一方面来看，它需要运用人工智能技术和信息技术进行社区的数字化建设。智慧社区数字化建设的具体内容如图 3-17 所示。

而要想实现智慧社区的数字化建设，人工智能技术必不可少。人工智能技术助力智慧社区数字化建设的具体过程如图 3-18 所示。

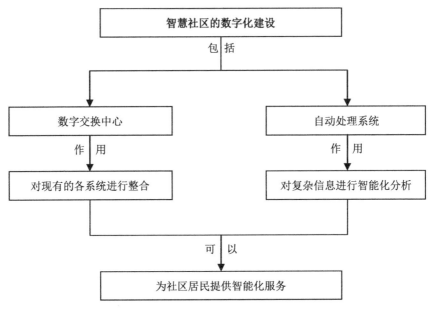

图 3-17　智慧社区的数字化建设

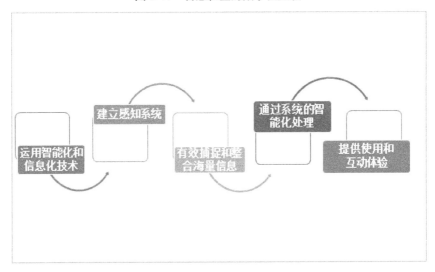

图 3-18　人工智能助力智慧社区数字化建设的过程

## 3.2.6　可穿戴设备，穿在身上的智能技术

可穿戴设备，即对人们的日常穿戴进行人工智能技术应用的设备。它一般可分为两类，一类是具有可独立的操作系统和应用功能的可穿戴设备，如智能眼镜和智能手表。如图 3-19 所示为智能手表。

图 3-19 智能手表

从图 3-19 中可以看出，智能手表具有完整的独立功能，并不需要借助其他智能终端设备来实现其功能。

另一类是借助其他设备配合使用才能完成某些独立功能的可穿戴设备，如用于体征监测的智能手环，如图 3-20 所示。

图 3-20 智能手环

图 3-20 中的智能手环一般在配合智能手机使用的情况下可以实现闹钟和健康监测等功能。

综上所述，无论哪一种可穿戴设备，它们都是融合了人工智能技术的设备，并发展成为人工智能的重要接口，同时也使人工智能进一步发展——体现了人工智能与人们生活息息相关的价值。

## 3.2.7 语音智能，你的私人助理

随着人工智能技术的进一步发展，生活中到处可见智能化的服务，语音智能就是其中之一。

### 1．语音智能+智能手机

在智能手机上安装语音智能应用，就可以通过手机和语音输入完成各种操作，具体如图 3-21 所示。

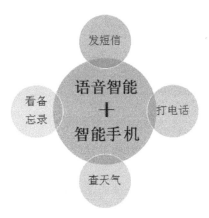

图 3-21　"语音智能+智能手机"的功能

### 2．语音智能+智能导航

下面切换到汽车导航场景。融入语音智能，可以让智能导航更上一个台阶——只要语音输入目的地，智能导航就可以显示行驶的最佳路线，如图 3-22 所示。

"语音智能+智能导航"通过语音输入，相较于原来的文字输入，明显地更方便、更快捷。

图 3-22　"语音智能+智能导航"应用示例

### 3．语音智能+智能家居

在家庭生活中，人们通过语音智能在智能家居的界面上输入相应的语音指令，就可完成对应的操作。例如，回到家中后只要输入语音"开灯"，就可完成开灯操作，这就明显减少了寻找开关的动作和时间。

随着科技的发展，我们相信未来将在更多场景中实现语音智能的应用，进一步享受人工智能技术的发展成果。

# 3.3 人工智能技术的商业价值

随着人工智能在技术和应用层面的发展，其在各个领域中所发挥的作用也越来越大，并为各行业和各领域带来了新的发展模式，引导各行业、各企业纷纷布局人工智能产业，从而创造了巨大的商业价值。

## 3.3.1 人工智能技术改变企业发展模式

在人工智能时代，企业发展被注入了人工智能的新动力。企业在生产和管理方面进一步实现自动化，并向着智能化的方向发展，改变了传统的发展模式，具体如图 3-23 所示。

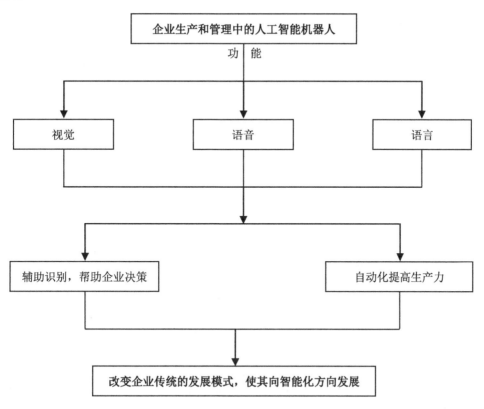

图 3-23 人工智能技术改变企业发展模式

### 3.3.2  无人机运输，优势明显

图 3-24  亚马逊无人机配送

无人机是人工智能时代无人驾驶领域里的一朵奇葩，它是利用无线电遥控设备和自动化程序操控无人驾驶的飞机。对于运输领域来说，无人机的出现无疑是一个重大的转折点。它不仅节省了时间成本，还节省了人力成本。

在电商、微商快速发展的情况下，物流配送也获得了快速发展，然而一些运输问题也开始显现出来，如物流成本的增加、交通运输拥堵的加剧、偏远地区的配送困难等。无人机的出现能很好地解决相关问题。如图 3-24 所示为亚马逊无人机配送。

无人机运输、配送方式具有传统运输方式无法比拟的优越性，具体如图 3-25 所示。

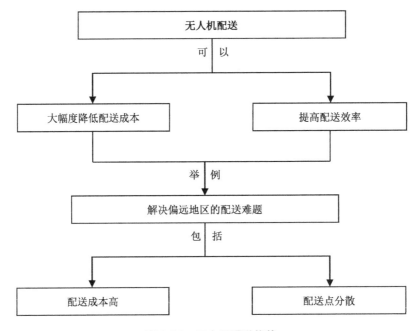

图 3-25  无人机配送优势

### 3.3.3  人工智能技术提升医疗服务水平

在医疗领域，人工智能技术可以利用其特有的优势，更好地提供一部分医疗服务，特别是在一些外科手术和微创手术中，人工智能技术和产品应用的优势更加明显。它不仅可以消除人为医疗服务中因为各种原因产生的不必要的颤动，还可以凭借

其灵活的机械手腕获得更多信息。如图 3-26 所示为外科手术机器人的医疗服务介绍。

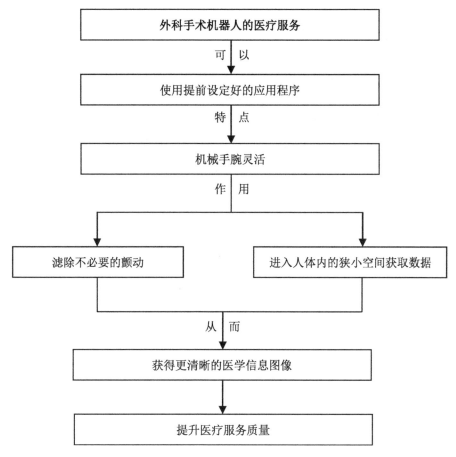

图 3-26　外科手术机器人的医疗服务介绍

## 3.3.4　智能管理，调配更灵活

　　智能管理是一种将人工智能技术与管理科学以及其他信息技术相结合的新技术，它实现了更加灵活管理调配的目标。它在车库管理方面有着广泛的应用，如图 3-27 所示为智能立体车库。

　　把人工智能技术融入到车库管理是一种非常先进的车库管理方式，它能在管理中更灵活有效地管理和调配车位。如图 3-28 所示为智能车库管理分析。

**图 3-27  智能立体车库**

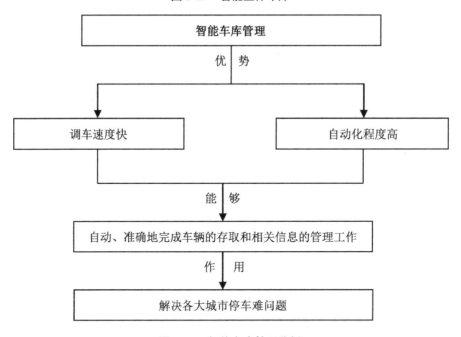

**图 3-28  智能车库管理分析**

## 3.3.5  辅助数据分析，实现个性化营销

人工智能技术和产品在各领域中一般都不是单独运用的，而是通过与大数据技术等融合在一起实现的应用。这一现象在营销领域表现得非常明显。

一般来说，人工智能技术与大数据结合，其结果是实现个性化营销和精准营销。

如图 3-29 所示则具体介绍了人工智能技术借助数据分析，实现个性化营销的过程。

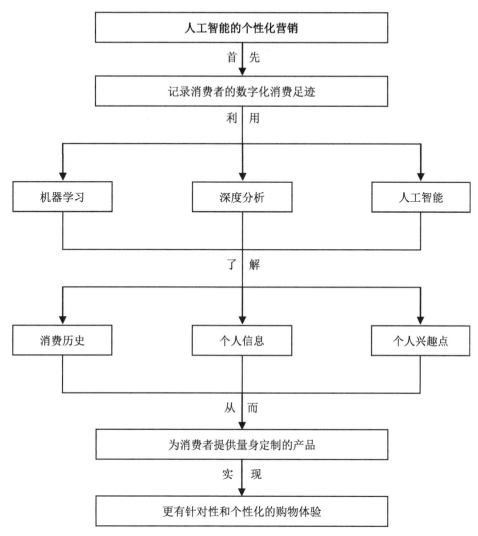

图 3-29　人工智能技术的个性化营销分析

## 3.3.6　智能教育，针对性教与学

"百年大计，教育为本"，教育在一个国家和民族的发展中具有至关重要的作用。针对这一重要领域，人工智能技术也进行了布局和渗透，其目的就在于实现针对性的教与学，从而提升教学质量。

对于数据分析，人工智能技术有着明显的优势。因此，在教育领域利用人工智能技术进行数据分析，可以更好地了解学生的学习需求。这里的学生是指各年龄段的学生，比如从幼儿园到研究生，都可以利用人工智能技术找到合适的教育方式和方法。

如图 3-30 所示为人工智能技术针对性教与学应用。

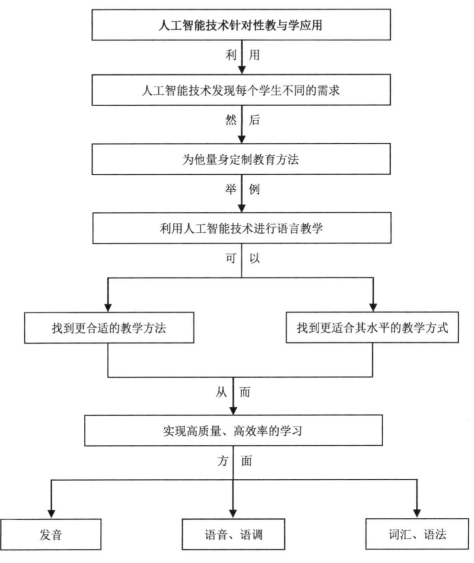

图 3-30　人工智能技术针对性教与学应用

# 第4章

## 行业分析，市场状况

　　随着人工智能技术的发展和其应用范围的扩大，人工智能行业逐渐形成。

　　本章将介绍人工智能行业的发展情况、发展规划、遇到的问题和应采取的对策。

▶ 人工智能行业发展情况概述

▶ 人工智能行业发展规划

▶ 人工智能行业发展遇到的问题

▶ 人工智能行业发展相关问题的对策

# 4.1 人工智能行业发展情况概述

人工智能自诞生起就引发了各方的关注，无论是其理论的研究，还是实践，都是如此。在这样的情况下，人工智能这一行业本身也有了很大的发展。本节就其行业发展情况进行介绍。

## 4.1.1 推动人工智能技术发展的动力

从无到有，从构想到实现，人工智能技术的发展经历了几十年探索，直至近年来才获得了飞速发展，主要是因为受到了三大动力因素的驱动，具体如下所述。

### 1．动力一：深度学习算法

这一动力是从技术方面而言的，即人工智能技术发展是因为深度学习算法的支撑和推动。总体说来，深度学习算法建立在推理算法和机器学习算法两者相结合的基础之上，并通过一定的流程来促进人工智能的发展。如图 4-1 所示为深度学习典型模型促进人工智能技术发展的流程分析。

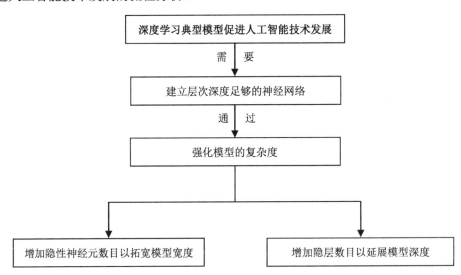

图 4-1 深度学习典型模型促进人工智能技术发展的流程分析

### 2．动力二：海量计算资源

在人工智能技术的发展过程中，计算资源的增长与其所带来的其他方面的增长并不是对等的。换句话说，多少数值的计算资源并不能产生计算资源分析和应用后的效用线性增长，而是需要借助更多的计算资源支持才能实现一个效用数值点的增长。

因此，要想推动人工智能的发展，拥有海量的计算资源是必需的。这些高性能的、海量的计算资源，能够促成各种形式的效用数值的增长，并在不断积累后最终形成人工智能技术发展的重要动力。

### 3．动力三：大数据资源

大数据资源也是推动人工智能技术发展的重要动力。当大数据资源形成了一定的规模并且达到一定的质量时，就有可能进行人工智能产业发展的策略网络布局。下面以 AlphaGo 为例，具体介绍大数据资源与人工智能技术发展的关系，如图 4-2 所示。

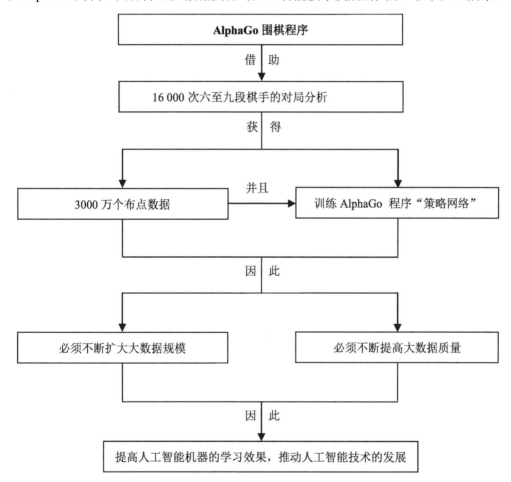

**图 4-2  大数据资源与人工智能技术发展的关系分析**

综上所述，人工智能技术的进步和发展必然需要三大动力的推动，其结果就是促进人工智能技术走出实验室，逐渐应用到人们的工作和生活中，形成人工智能产业，并获得快速发展。

## 4.1.2　人工智能细分行业分布

人工智能技术在获得发展的同时，也被广泛应用，并催生了有关人工智能的各类公司和自身的细分行业。如图 4-3 所示为全球人工智能行业发展现状。

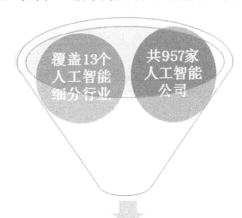

**全球人工智能行业发展现状**

图 4-3　全球人工智能行业发展现状

在人工智能的细分行业中，既有相同技术的不同领域区分，又有不同技术的行业区分。从前者而言，主要包括手势控制、虚拟私人助手、智能机器人、推荐引擎和协助过滤算法、情境感知计算、语音翻译、视频内容自动识别等多个细分行业；从后者而言，人工智能的细分行业主要是指自然语言处理和语音识别两个领域，以及涉及应用和通用两个领域的两大智能技术，举例如图 4-4 所示。

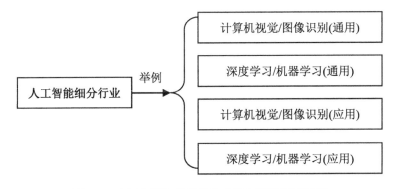

图 4-4　人工智能细分行业的应用和通用领域举例

## 4.1.3 人工智能产业链

人工智能行业的发展形成了不同层次的人工智能产业链，它们共同构成了人工智能在社会环境中的技术研究与应用的全部内容。具体来说，主要包括 3 个层次的内容，如图 4-5 所示。

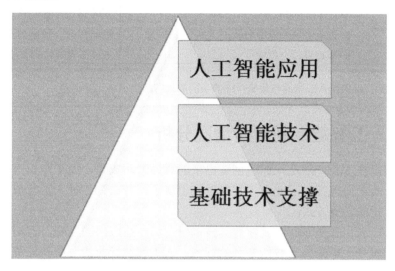

**图 4-5 人工智能产业链的 3 个层次**

在如图 4-5 所示的人工智能产业链的 3 个层次中，人工智能技术、基础技术支撑以及和它们有关的产业链层次阶段是相对应的，如图 4-6 所示。

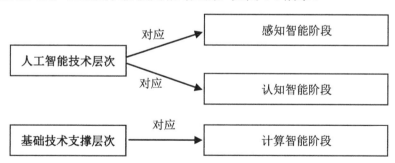

**图 4-6 人工智能产业链与其发展阶段的对应关系**

可见，在人工智能行业发展过程中，其产业链的层次体现出明显的阶段性特征，并承担着一定的行业功能，具体内容如表 4-1 所示。

表 4-1　人工智能产业链具体内容介绍

| 层　次 | 功　能 | 应　用 |
|---|---|---|
| 基础技术支撑 | 由数据中心和运算平台组成，因而能存会算 | 包括数据传输、运算和存储 |
| 人工智能技术 | 可以开发面向不同领域的应用技术，在智能方面有以下功能。<br>● 能听会说，能看会认；<br>● 能理解，会思考 | 语音识别、图像识别和生物识别等感知智能应用<br>机器学习、预测类 API 和人工智能平台等认知智能应用 |
| 人工智能应用 | 实现人工智能与传统产业的不同场景的结合 | 机器人、无人驾驶汽车、智能家居、智能医疗等 |

## 4.1.4　人工智能专利申请情况分析

　　人工智能技术和产品是人们所创造出来的智力劳动成果，属于知识产权的范畴，能作为无形资产而存在，因此人工智能专利出现了，并成为各种人工智能技术和产品获得权利保护的必要方式。

　　在我国，人工智能专利申请随着其技术研发和产品应用的发展，逐渐得到重视，研究者们积极加入申请人工智能专利的行列。人工智能行业的发展与经济的发展有紧密的联系，专利申请的分布与我国经济的分布区域相吻合，北上广浙苏 5 省(市)成为我国主要的人工智能专利申请地区，其专利数量总和超过全国总量的 1/2(59.62%)(见图 4-7)。

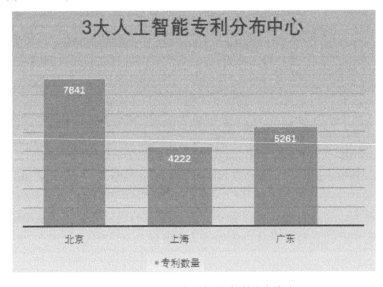

图 4-7　我国三大人工智能专利分布中心

从技术细分来看，人工智能技术的专利申请主要集中在五大领域，即机器人、神经网络、图像识别、语音识别和计算机视觉。如图 4-8 所示为我国人工智能专利申请各技术细分领域百分比。

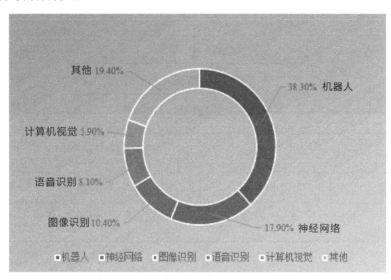

图 4-8　我国人工智能专利申请各技术细分领域百分比

## 4.1.5　人工智能技术的三大发展趋势

在国际消费电子展上，众多科技产品的展示表明人工智能技术的产业化发展已经成为趋势，特别体现在智能终端和系统的智能化方面。具体来说，我国人工智能有三大产品功能趋势，如图 4-9 所示。

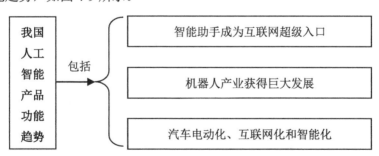

图 4-9　我国人工智能三大产品功能趋势

### 1. 智能助手成为互联网超级入口

在人工智能发展历程中，人机交互领域继触控操作之后又发生了新的变革，越来越多的智能终端开始内嵌智能助手，以便利用智能语音实现人与服务的连接，这一发展趋势已成为必然，在众多产品应用中非常明显并取得了巨大的成效，具体分析如图 4-10 所示。

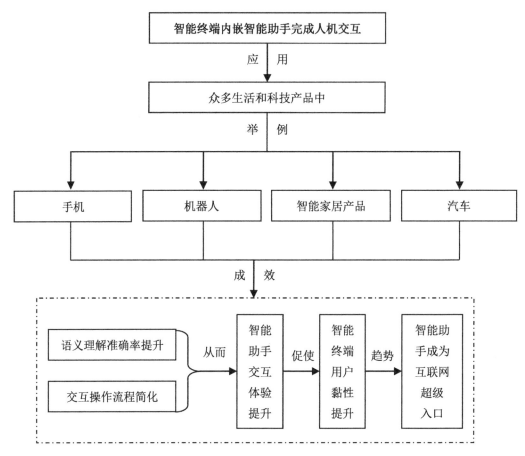

图 4-10　智能终端内嵌智能助手完成人机交互的应用与成效分析

## 2．机器人产业获得巨大发展

在人工智能行业，机器人领域一直是人们比较感兴趣的领域。因此，这一领域获得巨大的发展已成为必然趋势。而机器人要想获得突破和发展，在其功能上进行完善是必要的，比如使机器人在多个领域为用户提供服务，如图 4-11 所示。

机器人产业获得巨大发展这一趋势的另一个表现是国内机器人厂商将走出国门，走向世界，在世界舞台上展现我国智能行业的新风采，如 Rokid 机器人、Roobo 发布的机器人以及优必选机器人等。

图4-11 功能丰富的机器人

### 3．汽车电动化、互联网化和智能化

汽车功能的电动化、互联网化和智能化趋势是通过多个方面表现出来的，下面从3个方面对这一趋势进行介绍。

(1) 汽车开发平台方面。从这一方面来说，主要是解决芯片在处理高并发图像数据上的缺陷问题。当无人驾驶汽车开发出可以支持多个平台并行使用的汽车开发平台时，可以在识别精度和速度上提升无人驾驶汽车的自主驾驶水平，从而可以构建无人驾驶汽车自身的深度学习网络和实现完全的自主驾驶。

(2) 数据采集端的激光雷达方面。从这一方面来说，制约无人驾驶汽车发展的因素主要是激光雷达在成本方面的劣势，而当其向固态化、小型化和低成本化发展时，这一问题就得到了解决。其在提升精度方面的优势也能更好地发挥出来，这就为无人驾驶汽车快速商业化提供了条件。

(3) 高安全性要求方面。从这一方面来说，主要是解决无人驾驶中的多维数据决策问题。当无人驾驶汽车在汽车开发平台、数据采集-激光雷达、高精度地图、障碍物判断决策、智能车联等方面获得发展时，它就能更好地通过多维数据运算满足高安全性要求。

## 4.2 人工智能行业发展规划

我国的《"十三五"国家战略性新兴产业发展规划》中，明确地对人工智能行业的发展指明了方向。在第十二届全国人民代表大会第五次会议上，首次把促进人工智能技术发展写入了政府工作报告。本节对我国人工智能行业获得的政策支持进行介绍。

## 4.2.1　加大投资力度，布局人工智能

《"十三五"国家战略性新兴产业发展规划》(以下简称《规划》)明确指出，我国在"十三五"期间，必须发展人工智能技术，培育人工智能产业生态，促进人工智能在经济社会重点领域的推广应用，打造国际领先的技术体系。那么，在人工智能产业发展初期，当其市场还不明朗、发展前景还不确定的时候，其投资和布局的方向应该怎样选择呢？其实，证券交易市场作为反映发展大势的重要依据，人工智能可从其出发，从 3 个方面加大投资力度，对其进行跟踪布局，如图 4-12 所示。

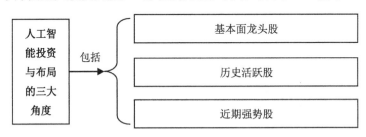

**图 4-12　人工智能投资与布局三大角度**

图 4-12 中的三大角度是围绕证券交易市场进行的投资策略介绍。对于这一市场的人工智能概念投资和布局的 3 大角度，下面将一一进行介绍。

### 1．基本面龙头股

人工智能作为新兴产业之一，在基本面龙头股上已经形成了比较火热的投资布局状况——成为沪深两市诸多上市公司争相布局的领域。如图 4-13 所示为一些上市公司及其在人工智能方面的优胜领域。

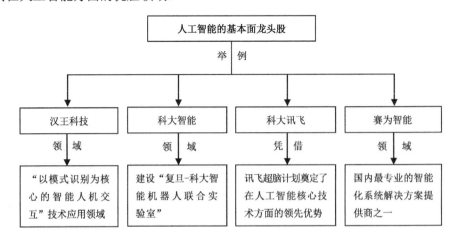

**图 4-13　人工智能的基本面龙头股**

人工智能基本面龙头股的上市公司自身已经拥有了一定的发展优势，政府加大投资可以使其获得进一步的发展，推动人工智能发展出现质的飞跃。

### 2. 历史活跃股

在政府投资策略上，对历史活跃股的关注也是其方向选择之一。自人工智能进入研发领域以来，通过不断的探索和实践，结出了令人惊叹的人工智能之果。而这些技术成果的出现又使证券交易市场的相关板块发生了大幅上涨。在板块上，总是有反复出现的活跃的概念股存在。它们有着强劲的后市期待，因而可对其加大投资。

### 3. 近期强势股

除了上面提及的两种概念股外，人工智能的投资布局还可以从涨幅上把握选择方向。比如在与人工智能相关的板块上，涨幅的榜首强势股或是涨幅在一定范围内的强势股，都可视为有继续走强优势的投资布局个股。

## 4.2.2　着手启动"中国大脑"计划

所谓"中国大脑"，是指中国版的人脑工程计划，其意在模拟人类大脑的数千亿神经细胞，以此了解人类大脑的构造和功能。"中国大脑"计划解读如图 4-14 所示。

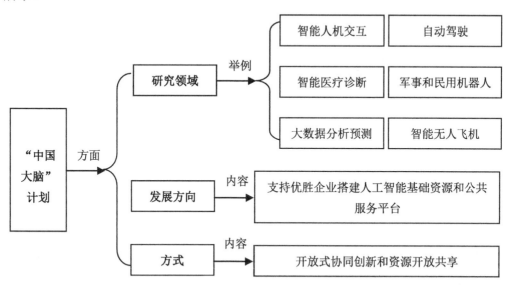

图 4-14　"中国大脑"计划解读

"中国大脑"计划是由百度董事长兼首席执行官李彦宏 2015 年在"两会"上提出来的，其目的是推动人工智能技术的进一步发展，期待在国家层面给予政策支持，以便在新形势下抢占科技革命制高点。

针对这一跨时代的科技发展计划，上海市科学技术委员会开始着手进行研究，并对这一研究进行了具体部署，如图 4-15 所示。

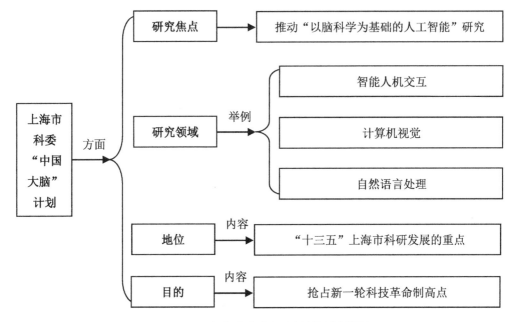

图 4-15　上海市科委"中国大脑"计划解读

## 4.2.3　不断地推进技术与应用发展

在人工智能产业发展的过程中，技术的发展是根本。只有不断地推进人工智能相关技术的发展，才能有效地促进人工智能产业的发展和繁荣。

可见，在人工智能的技术和应用发展两方面，技术是基础，应用是技术的实践延伸，且应用的发展反过来又将通过实践指导和推进技术的发展。

### 1．不断地推进技术发展

《规划》在人工智能技术发展方面的支持主要表现在 3 个方面，具体如图 4-16 所示。

针对图 4-16 中的 3 个方面，《规划》要求既要从类脑研究等基础理论和技术研究方面进行推动，又要基于这一方面进行应用技术研发和产业化研究，特别是对其中一些重点领域和优势领域，更是要加快研究的步伐。如图 4-17 所示为《规划》支持的人工智能技术的重点领域和优势领域。

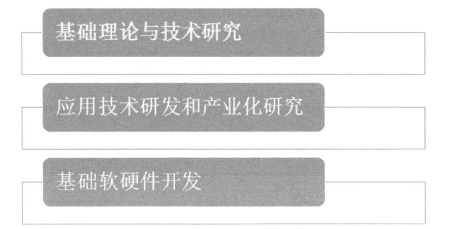

图 4-16 人工智能技术发展的政策支持

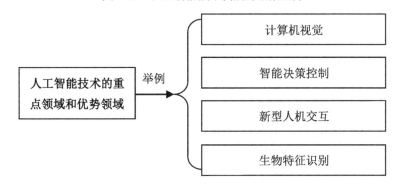

图 4-17 《规划》支持的人工智能技术的重点领域和优势领域

在技术方面，国家政策还加大了对人工智能技术的基础软硬件开发的关注，力争夯实人工智能技术发展的基础。

**2．不断地推进应用发展**

在人工智能技术的应用发展方面，《规划》提出了多项措施，重点表现在以下3个方面。

(1) 在人工智能多个重要领域开展试点示范，实现规模化应用。

(2) 对技术成熟和市场广阔的产品进行研发，实现产业化发展。

(3) 对各行业与人工智能的融合实行鼓励政策，实现智能化升级。

其中，《规划》中所指的开展试点示范的人工智能重要领域以及重点关注的成熟产品如下所述。

● **重要领域：**制造业、环境保护、交通行业、 医疗健康和网络安全等。

● **成熟产品：**智能家居、汽车、安防、机器人、可穿戴设备和智慧农业等。

　　另外，在如今高速发展的城市社会中，人工智能技术的应用更是得到了特别关注。如大家所熟悉的机器人，政策支持专业类和家用类服务机器人的应用构建了新型高端服务产业。从更大的层面来说，城市社会整个事务都可加入人工智能技术解决方案中，打造新型智慧城市。如图 4-18 所示为人工智能在智慧城市建设方面的应用。

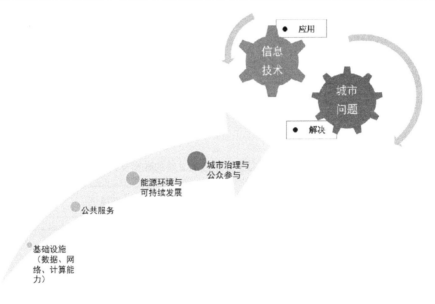

图 4-18　人工智能在智慧城市建设方面的应用

## 4.2.4　发展人工智能基础建设和服务

　　上文已经简略地提及了人工智能在技术方面的基础软硬件建设，本节将更深入地介绍其在基础建设方面的内容。《规划》中指出的人工智能基础建设包括两个方面的内容，如图 4-19 所示。

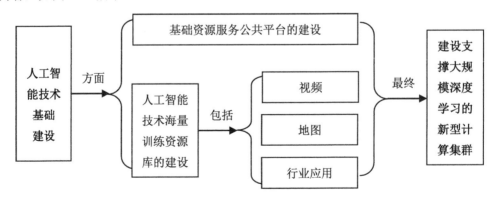

图 4-19　人工智能基础建设的两个方面

在人工智能服务方面，《规划》提出了鼓励措施，要求一些领先企业或机构提供有关人工智能技术的创业创新服务，为其他企业或机构的人工智能发展创造条件，从而进一步发展和推进人工智能技术在更大、更广范围内的发展。如图 4-20 所示为一些有关人工智能技术的创业创新服务。

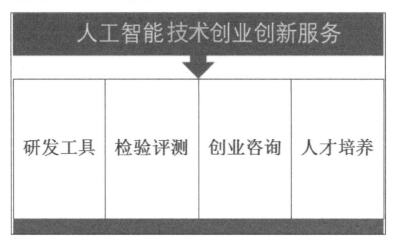

图 4-20　人工智能技术的创业创新服务举例

# 4.3　人工智能行业发展遇到的问题

任何一种新技术和新兴产业的发展都不是一帆风顺的，总会遇到各种困难。人工智能行业的发展也是如此。本节将围绕人工智能行业在发展过程中遇到的 3 大短板问题进行论述，进一步引导读者了解人工智能行业。

## 4.3.1　人工智能产业发展的 3 大短板

人工智能技术逐渐进入人们的视野，进一步影响着人们的生活，获得了一定程度的发展。而要想拓宽其发展前景，就要在两个方面实现跨越式发展：一是技术；二是技术业务变现。其中，技术业务变现是指人工智能技术的商业化发展。因为技术的发展在于应用和投入市场，所以可以说人工智能技术的商业化发展是其自身发展的终极目标。

关于人工智能技术的商业化发展，就目前的发展阶段而言，还存在一些亟待解决的短板问题，主要体现在 3 个方面，如图 4-21 所示。

在这 3 大短板问题中，特别需要注意技术研发水平。对于发展基础的技术研发水平，还可以从 3 个方面考虑其发展瓶颈，具体如图 4-22 所示。

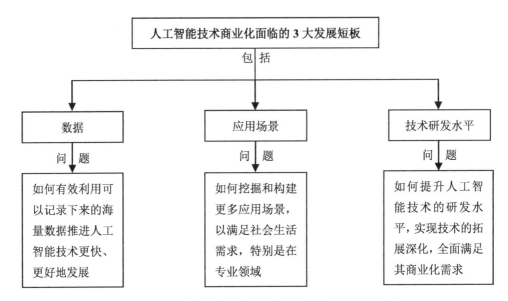

图 4-21　人工智能技术商业化面临的 3 大发展短板分析

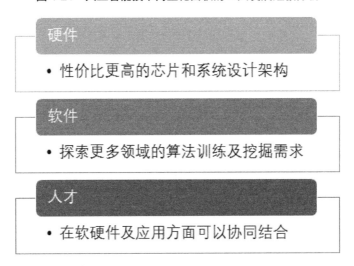

图 4-22　人工智能技术研发水平短板需要考虑的 3 个方面

## 4.3.2　人工智能技术发展的几个问题

随着人工智能技术的发展和应用，有关这一技术所产生的道德方面的问题也开始凸显出来，且已逐渐成为人们关注的焦点。下面就人工智能发展所引发的几个方面的思考进行介绍。

### 1．系统安全性问题

就人工智能系统的安全性方面而言，首先，在于其系统的复杂性所产生的人类监管的滞后性问题。因为人工智能是基于海量数据而构建起来的复杂系统，一般是超越人类自身的运算范围的，且在以机器学习为基础的人工智能系统中，人类由于无法探寻系统的行动本质和采取某一行动的原因，因而失去了对其有力的监控。且在复杂的计算机系统的支持下，人类的自主控制权也将逐渐减弱，当发展到一定程度时，对人工智能系统的监管将失去作用。到那时，人工智能产品在失去监管的情况下，将会对社会和社会道德产生难以估量的影响，就如目前的机器人伦理意识问题一样，将成为困扰人类的关于人工智能的重要的道德问题。

其次，人工智能技术的应用领域已经非常广泛，更是涉及医疗健康和刑事司法系统等有关人类生命安全的领域。当人工智能系统在对这些领域的一些问题如假释、诊断等作出决策时，失控风险也将产生，担责方确定的问题随之出现，此时，在缺乏法律依据的情况下，从道德层面来解决的话，又将面临怎样严峻的问题和考验呢？

### 2．就业问题的冲击

人工智能技术的发展，收获的不仅是人工智能技术的发展成果，更多的是其产品的出现和应用，如人们熟知的机器人就是其中一类。而机器人的出现，将使工作简单化，并表现出其在工作方面强大的承受力和解决问题的能力，这就使其取代越来越多的人类工人成为必然。

而作为寻求更大利润和发展机遇的企业，面对机器人取代人类工人的潮流，无疑会积极地投入其中。如富士康集团已经就智能技术的运用进行了部署，宣布将用机器人取代人类工人，其数量之多——取代 6 万名工人——令人们惊叹的同时也产生了深深的担忧。机器人将取代人类工人的趋势，对人类就业问题产生了巨大挑战和冲击。

### 3．影响人类心理健康

随着人工智能技术对人类就业问题的冲击，人工智能也将影响人类的心理健康。其原因在于，从事一份有意义的工作是人类创造价值和产生自我认同感的源头，当其源头枯竭的时候，人生意义的实现也将出现断层，心理问题的出现也就不足为奇了。

## 4.4　人工智能行业发展相关问题的对策

面对人工智能发展道路上出现的问题，正确的做法就是积极寻求有效策略，进一步推进人工智能行业的发展。

## 4.4.1　人工智能行业策略分析

人工智能技术所带来的是一次新的产业革命，要想在这一次产业革命中抓住发展机遇，就要从 3 个方面积极推动人工智能的发展，如图 4-23 所示。

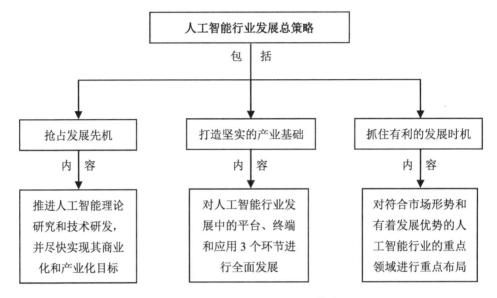

**图 4-23　人工智能行业发展总策略**

我国在人工智能行业的发展方面提出了总要求，其目的是构建一种有独特发展优势的人工智能产业生态。如图 4-24 所示为人工智能产业生态的 4 大特点。

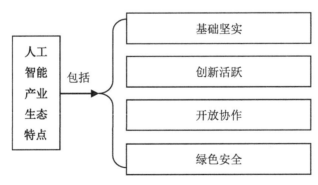

**图 4-24　人工智能产业生态特点**

而要打造这样的产业生态，就要完成 4 个方面的策略任务，具体内容如下所述。

(1) 环节一：人工智能信息产业。

从这一方面来说，主要是在技术方面获得发展先机，并将所研发的核心技术进行产业化推进和实现对基础资源公共服务平台的构建。因此，这一环节的策略任务涉及以下两个方面的工作。

- **核心技术研发和产业化**：包括人工智能基础理论、共性技术和应用技术。
- **基础资源公共服务平台**：包括人工智能海量训练资源库和标准测试数据集、基础资源服务平台、类脑智能基础服务平台和产业公共服务平台 4 个方面的内容建设。

(2) 环节二：重点领域应用推进。

从这一方面来看，人工智能的策略任务主要是实现技术应用的产业化，并在多个重点领域进行试点示范。其中，选择开展试点示范的重要领域一般都是有良好基础、发展优势和市场前景的，如智能家居、汽车、无人系统和安防等，这样利于人工智能技术应用的产业化推进和扩大化发展。

(3) 环节三：智能化终端发展。

这一环节与上面两大环节共同构成了人工智能技术发展和应用的 3 大环节。从这一方面来看，其终端产品的发展不是最终目的，而是要通过发展智能化的终端产品来实现在人工智能产业化发展过程中生产和服务的智能化。其策略任务是促成 3 大工程的完成，如图 4-25 所示。

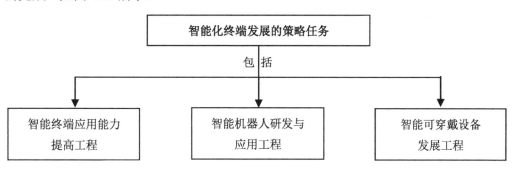

图 4-25　智能化终端发展的 3 大工程任务

(4) 辅助系：标准体系和知识产权。

面对当前人工智能发展的标准领域还处于一片空白的情况，首要任务是积极进行标准化体系建设，建立统一要求的诸多领域的技术标准，重要领域举例如下。

- 基础共性。
- 互联互通。
- 行业应用。
- 网络安全。
- 隐私保护。

另外，在发展过程中，专利这一硬实力已成为必须加以注意的策略方向。对人工智能而言，加快专利布局，实现知识产权的成果转化和与标准体系的对接，是我国优先占据科技产业革命制高点的关键性策略。

## 4.4.2　人工智能技术应用注意事项

关于人工智能技术的发展，在实际应用中应该注意两个方面的问题：一是人工智能技术的融合趋势问题；二是人工智能技术的产业化应用问题。下面将对这两个问题进行介绍。

### 1．人工智能技术的融合趋势问题

人工智能的发展重点在于人机交互。总体来说，人工智能技术的融合趋势主要聚焦于 3 个方面，如图 4-26 所示。

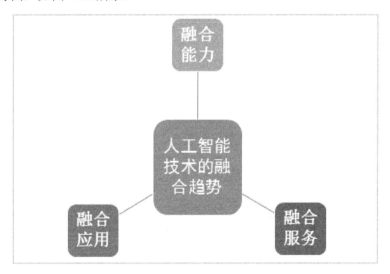

图 4-26　人工智能技术的融合发展趋势

人工智能技术的融合趋势是符合其应用场景需要的。在这一背景和要求下，人工智能在各场景中的应用也不是由单一的技术支撑的，一般是多种技术的融合应用。比如机器人，它就涉及图像识别、人脸识别、视频监控等多方面的技术要求。

### 2．人工智能技术的产业化应用问题

人工智能技术的发展并不是一朝一夕的事，它需要一个发展过程，并且还会涉及应用和产业化的问题。因此，对于人工智能相关企业来说，需要在基础技术研究的基础上开展应用型研究，如图 4-27 所示。

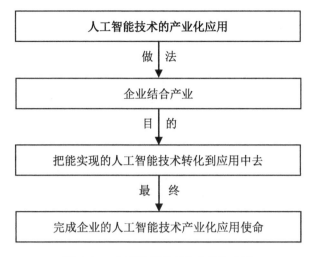

图 4-27 人工智能技术的产业化应用

## 4.4.3 人工智能伦理问题对策

人工智能在道德方面的问题随着其自身的发展而逐渐被人们重视起来，并开展了关于如何解决这一问题的研究。

例如，"人工智能伦理和监管基金"就是针对这一问题而设立的，它旨在解决人工智能技术所带来的人文及道德问题，主要表现在 3 个方面，具体内容如图 4-28 所示。

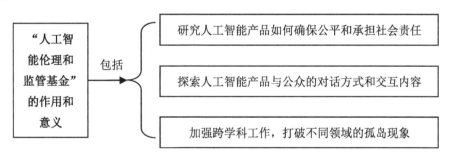

图 4-28 "人工智能伦理和监管基金"在解决人文和道德方面问题的表现

另外，人工智能联盟(Partnership on AI)也是一个旨在解决人工智能产品道德的可靠性问题的机构，它由亚马逊、谷歌、Facebook、IBM 和微软共同创建。从做法上来看，它也涉及 3 个方面的内容，如图 4-29 所示。

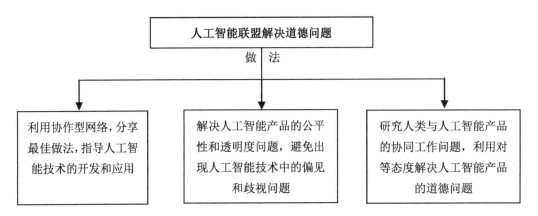

图 4-29　人工智能联盟解决道德问题

# 第5章

## 智能技术，归纳展示

学前
提示

　　人工智能技术在不断地发展，我们站在即将变革的前沿试想一下，假设人工智能技术已达到"奇点"，并且不断地突破这个高度，如果这一天来临，我们是否真正进入了人工智能时代？本章主要对人工智能各子领域的具体情况进行分析，以及介绍各项人工智能技术在生活中的具体应用。

要点
展示

▶ 人工智能技术目前的发展状况

▶ 自然语言处理技术：每个人都能"懂"的语言

▶ 计算机视觉技术：识别随处可见的图像

▶ 模式识别技术：3D 技术进入我们的生活

▶ 知识表示：连接客体的"桥梁"

▶ 其他技术：潜移默化地影响我们

# 5.1　人工智能技术目前的发展状况

人类目前对于人工智能的理解大多来自科幻电影的知识性普及。根据慧辰资讯对人工智能近几年舆情数据的搜集、整理，人工智能产品的热度指数从 2015 年就呈现稳定增长的态势。

根据 BBC 有关数据预测显示，全世界人工智能产品的市场规模也在进一步扩大。如图 5-1 所示为人工智能产品 2015—2020 年全球市场规模预测示意图。

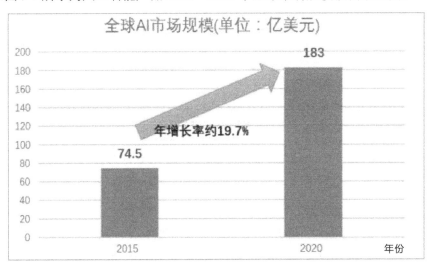

图 5-1　全球人工智能产品市场规模预测示意图

## 5.1.1　人工智能技术的发展已近临界点

人工智能技术不断地得到突破，不断地获得新的应用机会，这使人工智能的应用逐渐发展到了临界点。根据麦肯锡数据报告分析，各大行业将在人工智能技术的引领下，进行一场大刀阔斧的改革。如图 5-2 所示为人工智能技术的发展趋势。

**专家提醒**

人工智能技术的发展虽然达到了一个临界点，但是我国正加大在这一技术领域的投入并取得了不少的成就。

我国政府已确定人工智能技术将会是经济发展的新动力，将会投入大量的资金进行该领域的研究，同时为人工智能企业提供资金支持。我国互联网企业 3 大巨头(百度、阿里巴巴、腾讯)也正积极布局人工智能行业，将传统商业模式与人工智能技术结合，创造红利。

| 增长动因 | | 所获洞见 | 目前状态 | 未来展望 |
|---|---|---|---|---|
| 技术动因 | ① 核心计算技术 | ■ 主要GPU制造商及领先的高科技厂商大笔投资人工智能特定以及随时可用的设备及解决方案 | 2014年：双精度~1864 GFLOP/秒 | 2017年：双精度~7000 GFLOP/秒 |
| | ② 编程平台及算法 | ■ 开源平台实现广泛合作，极大推动深度学习及其他技术 | 2016年：语音识别正确率96% | 2020年：99%以上 |
| | ③ 数据集采集 | ■ 由机器/人工生成，非结构化数据呈现爆炸性增长，可供人工智能使用 | 2013年：每年数字化数据产量4 ZB（泽字节）/年 | 2020年：每年数字化数据产量44ZB（泽字节）/年 |
| 采用动因 | ④ 应用以及用例 | ■ 高科技巨头企业及风险投资都在追逐人工智能创业公司，推广其应用于各行各业及各个领域 | 2015年：人工智能应用市场规模为80亿美元 | 2020年：人工智能应用市场规模达到200亿美元 |

图 5-2 人工智能技术趋势示意图

对图 5-2 内容的分析如下所述。

- 核心计算技术、算法、数据采集、应用 4 方面都取得重大进展，共同将人工智能技术推到"爆发临界点"。
- GPU 制造商以及领先的高科技厂商投入大量资金进行人工智能技术开发，把人工智能产业当作企业核心目标。
- 资源平台规模的迅速扩大，开发人员通过编程界面建立功能。
- 高科技巨头与风投公司争相青睐人工智能创业公司，给予的资金支持大幅度增加。

# 5.1.2 人工智能技术发展目前最大的困扰

任何事物在发展的道路上都不是一帆风顺的，人工智能技术的发展也是如此。人工智能技术与计算机科学并驾齐驱进入 21 世纪，但是人工智能技术的发展正在经历风雨。

人工智能技术发展进入深度学习阶段，在这一阶段仍然面临着一些限制人工智能技术发展的问题。我们可以从以下两个方面来解释。

(1) 缺乏相应的人才。人才是成功的关键。人工智能是一门综合性学科，其从发展到应用，对于研究者的要求极高。而人才的培养是一个长期的过程，非一朝一夕所能成就。谷歌不惜花重金聘请业界人才，这些人才被投入人工智能研究相关的各个领域，他们的研究成果将会给公司带来成千上万亿元的经济价值；华为通过建立"华为杯"比赛机制，从全国高校选取优秀的人才，并高薪聘请。可以说，人工智能技术的竞争也是人才的竞争。

(2) 数据的搜集、整理复杂。数据的缺乏制约着人工智能的发展。人工智能技术应用于各行业之中，就是对各领域海量数据进行不断学习的结果。例如，在医疗行业，人工智能怎样诊断病情？这些数据来自哪里？DeepMind 公司为了搜集数据，与英国全民医疗系统合作，访问了该系统约 160 万病患的资料，这些海量的数据都将被用于帮助医生和护士诊断、治疗急性肾脏损伤患者。其中计算平台最关键。什么样的计算平台能使人工智能更加强大？各杰出科学家都认为是量子计算机。将量子计算机与人工智能技术相结合，计算机学习系统将会更智能、更灵敏。在国内，阿里巴巴就与中科院合作，创建了"中国科学院—阿里巴巴量子计算实验室"，该实验室致力于量子芯片的研究。

# 5.2　自然语言处理技术：每个人都能"懂"的语言

语言，是人类用来沟通和交流的主要工具。人类的各种智能都与语言息息相关。所以，语言也是人工智能研究领域的一个核心部分。自然语言处理技术的出现，不仅解决了人机对话的问题，并且也使聋哑人能够"听懂""读懂"视频。

## 5.2.1　自然语言处理技术简介

自然语言处理技术属于计算机科学与人工智能研究的一个重要方面，它研究的主要目的就是要实现人机对话，换言之，就是使机器能够"听懂"人类语言，比如英语、西班牙语、汉语、韩语等。

若机器能够"听懂"各种人类语言，就意味着它与人类之间可以"对话"。例如，两个不同国家之间的人由于语言差异无法实现直接沟通，此时有这样一个机器懂得双方的语言，它是不是就可以充当双方的翻译，实现同传了呢？再如，聋哑人士在观看视频的时候不能听懂视频中的对话，若有能够识别视频中音频的自动翻译技术，是否就实现了聋哑人"听懂"视频的愿望了呢？

自然语言处理技术涉及的研究范围主要包括以下几个方面，如图 5-3 所示为自然语言处理技术的研究范畴。

自然语言处理技术尽管是人类智慧与计算机结合的产物，但是在其应用的过程中依然存在难题，这主要表现在词义的模糊性以及多义性上。就像外国人学习汉语一样，他们在学习的过程中，若无法理解多义词，就会闹笑话。

尽管能够通过设定具体的语言情境达到消除一词多义的目的，但是消除歧义不是一件简单易行的事情。它需要大量专业的语言学知识作为基础，然后不断地推理、学习。其次，进行词义的搜集、整理又是一件繁重的工作任务，词的意思又会随着社会的发展不断增添或者减少；新词层出不穷，致使搜集工作更加艰巨。除此之外，还有网络用语、流行用语等。

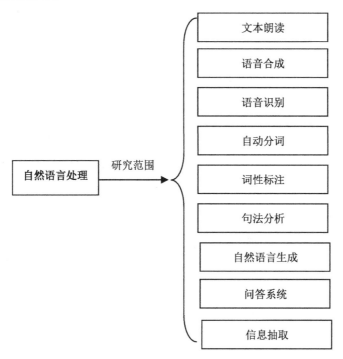

图 5-3 自然语言处理技术的研究范围

**专家提醒**

　　自然语言处理技术是融合计算机科学、人工智能技术、语言学三者为一体的综合性学科。虽然，现阶段它还面临着很多问题，但随着人类对人工神经技术的深入钻研，这些问题也都将迎刃而解，并且会更加深入地影响我们生活的各个方面。

## 5.2.2　语音识别技术的含义

　　语音识别技术将人机对话这一设想变成现实，它是将人类的语音信号借助机器的识别和理解转换成对应文本的技术。

　　语音识别与多门学科交叉，经过十几年的发展，取得了令人瞩目的成就，走出了实验室，进入了市场。语音识别技术的应用不再仅限于通信行业，未来几年，它将与家电、医疗服务、工业、交通等各大行业结合。

　　语音识别技术在应用过程中存在 5 大难题，如图 5-4 所示。

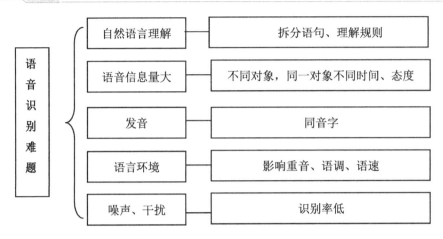

图 5-4　语音识别技术的 5 大难题

## 5.2.3　语义识别技术研究现状

语义识别就是在语言模型的基础上，分析语句的语序、语法结构，进而理解语句的真正意义和潜台词。大家所熟悉的这句"下雨天留客天留我不留"有几种意思呢？不同的断句方式会产生不同的意思，若不能正确区分词意，计算机是无法识别文本内容的正确含义的。

国内对中文语义识别问题进行了几十年的研究，随着互联网的流行、发展，促使更多企业积极跻身语义识别领域，该领域的技术可以分为以下几大方式，如图 5-5 所示。

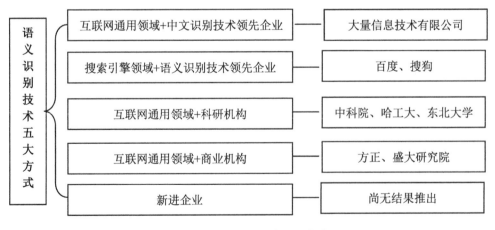

图 5-5　语义识别技术五大方式

## 5.2.4　自动翻译技术的内涵

　　自动翻译就是将一种语言通过机器翻译成为使用者所需的另一种语言。它的基本工作原理就是计算机模拟人类的翻译行为，实现两种语言的转换，如将汉语翻译成英语或者其他语言。自动翻译又称机器翻译，如图 5-6 所示为智能翻译机示意图。

图 5-6　智能翻译机示意图

　　互联网的发展加速了机器翻译的发展，然而当今机器翻译系统的应用却不尽如人意。只有通过建立语料库才能实现机器翻译所需要的各种知识，中国目前对于语料库的建设还只是停留在"单语料"上，而国外已开始积极建立"双语语料"库，如由瑞典 Uppsala 大学建立的 Scania 多语语料库。

**专家提醒**

　　自动翻译包括机器翻译和语音机翻译两个方面。自动翻译的过程必须经历 3 个过程：一是分析句子，这一阶段对翻译的结果起着决定性作用；二是转换，根据第一阶段的分析结果将源语言的结构转换成目标语言对应的结构；三是生成，完成目标语言转换，形成译文展示。

　　在翻译过程中，自动翻译技术须对句子经过 5 个层次的分析，具体内容如图 5-7 所示。

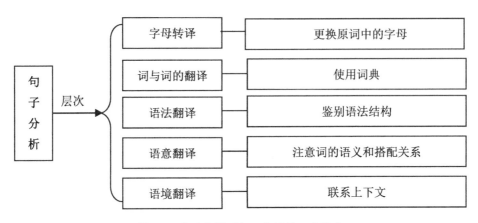

图 5-7　自动翻译时句子分析的 5 个层次

# 5.2.5　案例分析：Skype Translator 实时语音翻译技术

Skype Translator 是 Skype 和微软机器翻译团队合作开发出来的产品，它是融合 Skype 语音、机器翻译、神经网络语音识别三者为一体打造的全新产品。

微软公司宣布，将面向中国市场推出这款新的实时语音翻译技术的中文版本，这 使我们再也不用担心英语不好而无法和外国友人友好交流了。

Skype Translator 中文版适用于两大系统：Windows 8.1 和 Windows 10。它不仅可 以支持英汉语音翻译，还能够实现 40 多种语言的即时文本翻译。

微软早在 2012 年就演示了英汉两种语言之间的实时翻译技术。经过长时间的努 力，如今微软终于完成了 Skype Translator 的中文语音翻译工程。如图 5-8 所示为 Skype Translator 英汉翻译模拟示意图。

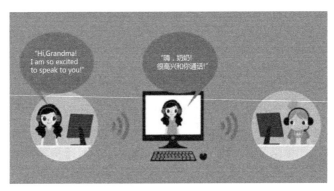

图 5-8　Skype Translator 英汉翻译模拟示意图

不仅如此，微软团队为了能将语音识别能力进一步提高，使翻译结果更加精准， 他们又一次打破传统，将深层神经网络与微软发达的统计机器翻译进行了完美结合。

Skype Translator 能够实现实时语音翻译主要依托于机器学习这个平台。如图 5-9 所示为 Skype Translator 工作界面。

图 5-9　Skype Translator 工作界面

# 5.3　计算机视觉技术：识别随处可见的图像

"眼睛是心灵的窗户"，通过眼睛，我们可以观察周围的任何事物，可以看到很多风景，可以捕捉到许多对我们有用的信息。同样，计算机视觉也是一双"眼睛"，通过它，计算机可以感知环境、获取信息。

## 5.3.1　计算机视觉技术简介

我们可以将计算机视觉理解为计算机的"眼睛"，但是计算机的"眼睛"只是对生物视觉的一种模拟而已。从工作原理上讲，计算机视觉就是对图片或者视频进行采集、整理和处理，这与人类和其他生物相差无几。

计算机视觉属于综合性非常强的一个领域，它主要包括几个方面的学科，如图 5-10 所示。

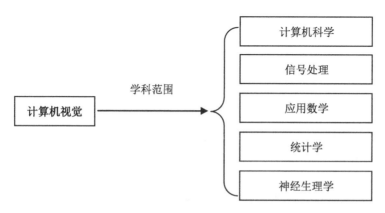

图 5-10　计算机视觉包括的学科领域

## 5.3.2　计算机视觉技术的广泛应用

信息时代促进了计算机技术的进一步发展，而计算机技术与各大领域的结合，使人们对计算机越来越依赖，但这也使计算机越来越显示出它的缺点：首先，应用计算机的对象不再是专业人员；其次，计算机具有的功能越来越强大，而使用方法却越来越难。这使非专业人员在使用计算机时，无法灵活地与计算机进行交流。

人类与人类之间、人类与外界之间的交流，可以通过语言、视觉、听觉进行信息交换，而计算机是根据专业的计算机知识进行编程、运行的。因此，目前急需解决人与计算机的交流障碍，人工智能计算机就这样诞生了。

智能计算机不仅使人们的使用方式变得更加简单，同时，人们还可以通过智能计算机来实现机器自动化，这样计算机就能取代人类进行繁重的劳动，甚至能代替人类完成人类不可能完成的任务。

计算机视觉一般是指自动化图像分析与其他技术和方法相结合，实现自动检测的过程，它在各个领域的应用十分广泛。如图 5-11 所示为计算机视觉技术的应用领域。

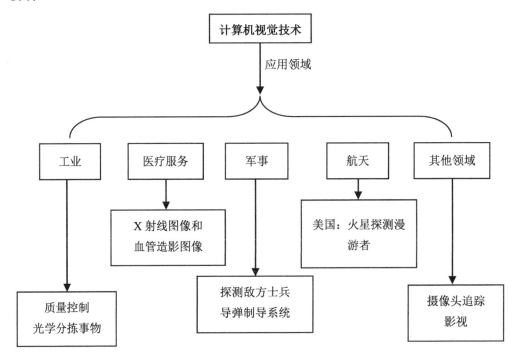

图 5-11　计算机视觉技术应用领域

### 5.3.3　计算机视觉技术的工作原理

计算机视觉技术的主要目的就是使计算机能够和人类一样观察世界，并理解世界，拥有自主适应环境的能力。目前，计算机视觉技术要达到这个最终目的，还需要长时间的努力。

所以，在实现这一目标之前，现阶段人类的目标是建立一种能够根据视觉技术敏感反馈来完成任务的智能系统。

例如，我们知道的无人驾驶，就是利用计算机视觉技术充当"眼睛"，对车辆或飞机等进行导航的。计算机视觉技术通过计算机系统进行信息处理。如图 5-12 所示为计算机视觉技术工作的原理示意图。

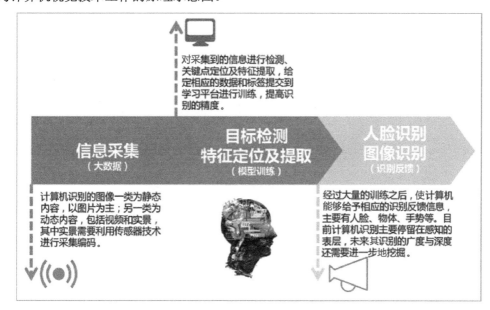

图 5-12　计算机视觉技术工作原理示意图

**专家提醒**

　　计算机视觉技术就是借助摄影机和电脑的识别、追踪、测量、感知等方法来捕捉目标，并在此基础上，对捕捉到的图形进行进一步处理，使电脑处理后的图像更加适合人眼观察或者将处理后的图像传输给仪器进行检测。

### 5.3.4　人脸识别技术的内涵

人脸识别技术的工作原理可以分为 3 方面的内容，如图 5-13 所示。

**图 5-13 人脸识别技术工作原理**

人脸识别技术就是将人脸图像或者相关视频输入系统，然后分析每张脸的大小、特征以及面部各器官的位置等信息。如图 5-14 所示为人脸特征分析示意图。

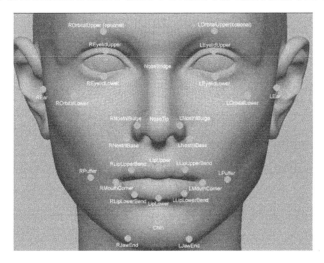

**图 5-14 人脸特征分析示意图**

# 5.3.5 案例分析：格灵深瞳智能视频监控系统

格灵深瞳是一家将计算机技术和人工智能技术两者结合的人工智能公司，其智能视频监控系统的主要工作内容就是对人和车进行定位、追踪以及识别。如图 5-15 所示为威目视图大数据产品的示意图。

在中国国际智能交通展上，格灵深瞳将最新的研究成果——威目视图大数据展示给在场嘉宾。威目视图大数据不再是单纯的计算机视觉技术，而是采用了深度学习+高性能运算的方法，使该系统在应用的过程中效果更佳、识别率更高，并且使其成为国内在 50 米范围内捕捉清楚人像的翘首。

威目视图大数据系统由威目车辆特征识别系统、威目视频结构化系统、威目视图大数据分析平台 3 部分组成。其中威目车辆特征识别系统能够对车辆进行深度识别，不受目标的多样性、不完整性的制约，能够不分昼夜地识别十几种车型、上千种车款，而且对于车内标志物、车牌识别的准确率都非常高，可达到90%以上。

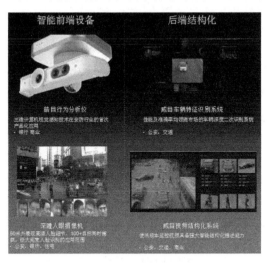

图 5-15　威目视图大数据示意图

## 5.3.6　案例分析：旷视科技 Face++人脸识别

旷视科技是一家以机器视觉为"心脏业务"的人工智能企业，其视觉感知网络技术已经达到世界领先水平。

该公司旗下的 Face++人工智能平台应用于各行各业之中，并在其中产生了重要作用。Face++云平台已经成为我国乃至国际上最大的人脸识别服务平台。如图 5-16 所示为 Face++云平台应用典型案例示意图。

图 5-16　Face++云平台应用典型案例示意图

# 5.4 模式识别技术：3D 技术进入我们的生活

模式就是能够从个别推断出整体的标准样式，这种推断不同于数学领域的集合概念，模式识别是人类的一项最基本的智能，随着计算机以及人工智能技术的兴起，模式识别技术逐渐被应用到其中，发展成为一门新兴学科。

## 5.4.1 模式识别技术简介

模式识别技术属于人工智能的基础领域。目前，各大研究机构以及大企业都将模式识别技术作为战略研发重点。

如今，人们已将最初单一模型对应单一技术的观念转为创造模式识别应用的新观念，即实现统计模式识别或句法模式识别+人工智能启发式搜索或者机器学习两者的结合；将人工神经元+已有技术或专家系统相结合。模式识别技术的应用包括以下几个方面：文字识别、语音识别、指纹识别、遥感、医学诊断。

## 5.4.2 文字识别技术的应用

文字识别是利用计算机自动识别字符的技术，属于模式识别的一个重要研究范围。文字识别的应用范围比较广，如图 5-17 所示为文字识别技术的应用范围。

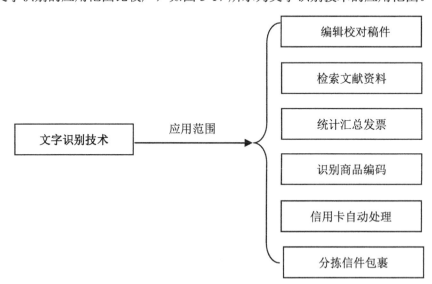

图 5-17 文字识别技术的应用范围

**专家提醒**

中国的文字已有上千年的历史，其对于记录中国历史长河中的文明有十分重要的意义。仓颉造字、蔡伦造纸、毕昇发明活字印刷术，这些发明一步步地简化了汉字记录工作。因而，在信息技术高速发展的今天，将文字更加方便、快速地输入计算机已经成为人机接口的重要课题。

# 5.4.3　指纹、掌纹识别技术的应用

指纹、掌纹识别技术是生物特征技术的一个重要研究领域。每个人的指纹、掌纹都是不同的。指纹、掌纹识别，顾名思义就是对手指和手掌上纹路的识别。一个人手指与手掌上的纹路具有稳定性，在非外力因素下不会发生改变。利用指纹、掌纹进行识别不具有侵犯性，因此使用者心理上容易接受。

# 5.4.4　3D 打印技术的应用

我们对于 3D 打印技术并不陌生，目前它已经被广泛应用在我们的生活之中。如图 5-18 所示为 3D 打印技术的应用示意图。

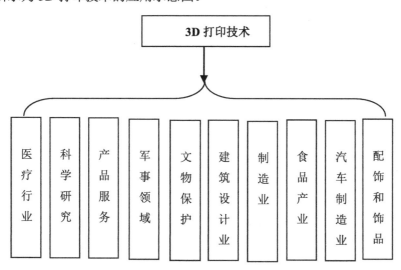

**图 5-18　3D 打印技术的应用示意图**

2017 年"全国职业学校 3D 打印技术应用专业建设研讨会"在渭南市顺利举行。根据会议内容，3D 打印技术的发展已经进入了加速期，渭南市把《中国制造 2025》作为纲领，推动 3D 打印技术、打印行业以及专业人才的培训，培养出能够为《中国制造 2025》服务的技术和人才。

## 5.4.5　模式识别技术的发展潜力

模式识别技术作为一门基础学科，具有巨大的发展潜力，如图 5-19 所示。

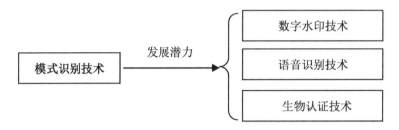

图 5-19　模式识别技术的发展潜力

对图中内容的分析如下所述。

- 数字水印技术、语音识别技术、生物认证技术是模式识别技术未来发展的重点方向。
- 语音识别技术已经成为人机互对的关键性技术。未来，语音技术将会成为新的技术竞争对象。
- 生物认证技术自 20 世纪以来备受关注，并获得了广大消费者的青睐。根据 IDC 的相关数据显示，未来 10 年内，生物认证将成为电子商务的核心，市场规模将会达到 100 亿美元。

21 世纪将逐渐成为智能化、信息化、计算机、互联网四者共同作用的时代。在这个世纪里，数字计算显得格外重要。企业需要把握好这个时代的特征，加紧转型，在这个机遇与挑战并存的时代创造效益。

## 5.4.6　案例分析：指纹考勤机

指纹考勤机利用的是人工智能领域的模式识别技术。指纹考勤机被普遍用在企业、公司的考勤工作上，它真实地记录了员工出勤状况，为公司、企业减少了一大笔不必要的费用支出。指纹考勤机利于单位制定合理的考勤制度，对督促员工按时上下班有良好效果。如图 5-20 所示为指纹考勤机的使用说明。

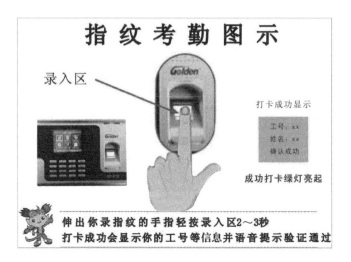

图 5-20　指纹考勤机使用说明

## 5.4.7　案例分析：首例 3D 打印钛-聚合物胸骨

一名 61 岁的英国患者接受了由澳大利亚联邦科学与 Anatomics、英国医生联手的 3D 钛-聚合物胸骨植入手术，成为世界上第一个受益患者。手术中使用的钛与之前相比，更加符合人体特性，能够更好地重建体内的组织。该患者在术后 12 天出院，目前恢复良好。如图 5-21 所示为 3D 钛-聚合物胸骨。

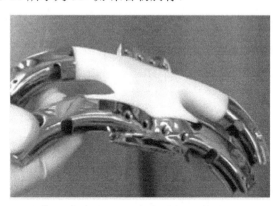

图 5-21　3D 钛-聚合物胸骨

## 5.5　知识表示：连接客体的"桥梁"

知识是构成智能的基础，而运用知识的过程就是人类智能活动的过程。人类对于知识的获取必须经过一个复杂的过程，即整理——解释——挑选——改造。人类从理论到实践，在实践中认识客观世界的规律。人工智能就是使机器模拟人类的活动，为了使计算机具备"智能"，就必须使计算机拥有知识表示形式。

## 5.5.1　知识表示的含义

百度百科里将知识表示解释为"把知识客体中的知识因子与知识关联起来，便于人们识别和理解知识"。从计算机方面来说，知识表示就是一种能够被计算机接受的用于描述知识的数据结构。

## 5.5.2　知识表示的方法

知识表示的方法可以分为以下几种，如图 5-22 所示。

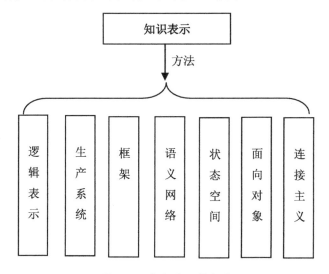

图 5-22　知识表示的方法

**专家提醒**

知识表示存在两种方式，即主观知识表示和客观知识表示。我们可以用一个这样的例子来演示知识表示：小苏是数计院的学生，但他不喜欢数学。我们就可以利用谓词逻辑来表示以上内容，具体步骤如下。

首先定义谓词：

Compute(x)：x 是数计院的学生；

Like(x, y)：x 喜欢 y；

其次，用谓词公式将内容表示为：

Compute(xiaosun)∧&not;Like(Xiaosun,programing)

# 5.6 其他技术：潜移默化地影响我们

人工智能技术领域宽广，除了本书之前叙述的几种人工智能的主要技术之外，还包括自动推理技术、环境感知技术、智能规划技术、专家系统 4 个方面。它们也在各个领域对我们的生活产生着潜移默化的影响，或许你已在不知情的情况下应用了这些技术。我们对于人工智能技术的了解，不应该只是满足于眼前的热门领域，也要有全局意识。

## 5.6.1 自动推理技术

推理就是由一个或几个已知的判断(前提)推出新判断(结论)的思维过程，可以分为直接推理、间接推理等。人们解决问题的过程实际上就是推理的过程。人工智能的研究就是围绕自动推理展开的，它构成了诸如专家系统、智能机器人等的理论基础。

自动推理可以分为以下几种，具体如图 5-23 所示。

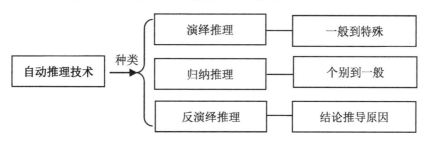

图 5-23　自动推理的种类

人类的主观意识与客观世界之间存在一定的差距，这种差距就产生了许多不确定性问题，如之前我们讨论过的语义识别。语义识别过程中遇到的最大问题就是词意的模糊性和多义性。事物不是一成不变的，这就决定了人类在认识事物的过程中形成的知识具有不精准、不一致、不完全等特点。针对这些特点，我们必须有相应的理论和推理方法来完善它。在人工智能领域中，有贝叶斯理论、Dempster-Shafer 证据理论、模糊理论等理论和方法可以用来解决知识的不确定性问题。

## 5.6.2 环境感知技术

环境感知技术多应用在航天、移动机器人、军事、智能车辆等领域。其中，其在智能车辆上的应用是最常见的，也是我们所熟悉的。智能车辆利用环境感知技术来对以下几个方面进行感知，如图 5-24 所示。

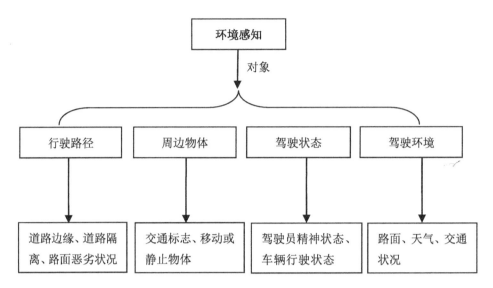

图 5-24　智能车辆环境感知的对象

　　将环境感知技术运用到车辆之中，使车辆具有自主规划行驶路线的能力。智能车辆在行驶的过程中，不但能准确地识别周边环境中可能存在的安全隐患，还能自动采取有效措施防止交通事故的发生。除此之外，智能车辆规划路线的能力可使其高效、经济地到达目的地。如图 5-25 所示为智能车辆行驶实况示意图。

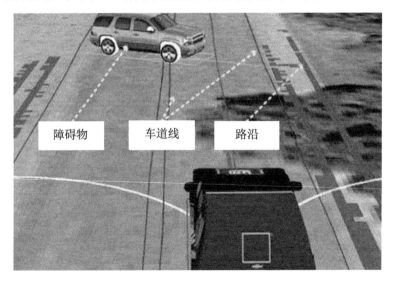

图 5-25　智能车辆行驶实况示意图

**专家提醒**

环境感知技术的实现利用了多种方法，首先是由视觉传感技术获取二维或三维图像，并通过图像识别技术对行驶环境进行感知；其次是由激光传感与微波传感技术分析距离；再次由通信传感技术，利用无线、网络来获取行驶的周边环境；最后是融合传感技术，融合多种传感方式来获得车辆周边的多种环境信息。

## 5.6.3 智能规划技术

智能规划技术在最近几年成为人工智能中的一个热门领域，其中的机器人路径规划技术是将智能规划技术应用得最有成效的领域，如扫地机器人的路径规划。如图 5-26 所示为海尔的扫地机器人。

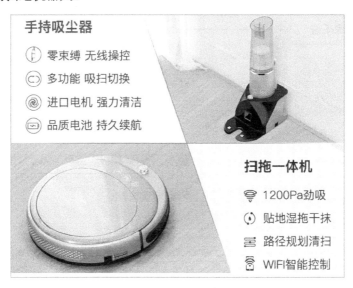

图 5-26 海尔扫地机器人

海尔扫地机器人通过路径规划来完成一体式扫地、拖地的任务。机器人在行驶的过程中需要解决 3 个问题：第一，机器人能够从出发点运行到目的地；第二，通过计算使机器人能够完成指定的任务；第三，在完成任务的前提下，优化行驶路线。

## 5.6.4 专家系统

世界上第一个专家系统早在 1968 年就诞生了，它也是最具代表性的专家系统，是由爱德华·费根鲍姆(Edward Albert Feigenbaum)研发的。专家系统经过 50 多年的发展已经趋于成熟，其智能水平也越来越高。

目前对专家系统的定义一般都认为：专家系统属于人工智能研究范围内最成功的一个领域，是通过不断学习某一领域的专家级知识与经验，然后利用这些知识与经验模拟人类的行为进行推理和判断的计算机系统。

专家系统的成功应用产生了巨大的经济和社会价值。专家系统与人工智能技术相互促进，在 21 世纪呈现出欣欣向荣的发展态势。了解专家系统，要把握好其特点，具体如图 5-27 所示。

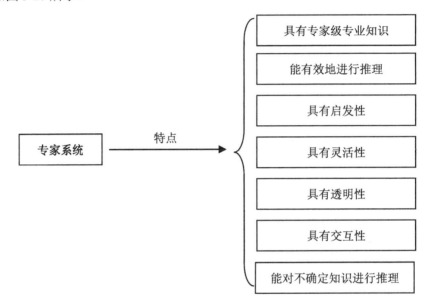

图 5-27　专家系统的特点

**专家提醒**

　　我们可以通过一个例子加深对专家系统的理解：在金融界有许多专业人才，对金融方面有许多"洞察先机"的经验和知识，如果把某一方面的知识和经验，如股票走势的经验集中起来，并储存到计算机之中使之形成股票走势知识库，然后将专家运用这些知识或者经验思维的过程编成程序，形成推理机，就能使计算机像人类金融专家一样判断金融行业的走势，而这个程序系统就是专家系统。

## 5.6.5　案例分析：韩国购物管家 LAON

韩国著名互联网公司 NAVER 推出了一款名为"LAON"的人工智能搜索系统，该系统主要被用于即时搜索和购物。LAON 程序具备自主能力，能够对消费者和商家提出的问题，比如尺寸、颜色、送货方法等进行解答。

除此之外，消费者若想了解商品库存方面的信息，直接问 LAON，它就会通过系统数据库查清库存量，并及时进行答复。如果消费者认为商品价格太贵，LAON 还会为你提供多种折扣方案。LAON 的出现不仅节省了消费者的时间，也为消费者节省了不必要的支出。

NAVER 还可对 LAON 进行不断完善，结合智能程度更高的功能，实现 LAON 与商家讨价还价与为消费者推荐相似产品的功能。

## 5.6.6　案例分析：弥财——中国智能投顾

智能投顾是近年来金融界的流行词。智能投顾又称为机器人投顾，是一种互联网+大数据相结合的为个人提供投资和财务咨询的方式。

我国智能投顾行业相比国外尚处于起步阶段。我国智能投顾行业可以分为 3 大类，如图 5-28 所示。

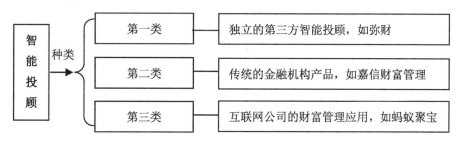

**图 5-28　中国智能投顾的行业类别**

弥财是根据美国 Wealthfront 的运营模式创立的一家新兴公司。该公司借鉴国外智能投顾行业的优秀经验，把财富分散化投资的管理理念运用于自身，同时将自己的产品功能定位为自动化理财。

自动化理财的优势十分明显，它能实现资源配置与动态的再平衡。但是在国内，智能投顾仍然面临一个问题——用户对投资平台的不信任。弥财想像国外智能投顾那样收获良好的市场效果，解决用户信任问题显得尤为重要。

为了更好地解决这个问题，弥财设定了较高的智能投顾门槛——5000 美元，主要是面向介于高净值用户与超低净值用户之间的人群，弥财将这部分人群设定为自己的目标客户。如图 5-29 所示为弥财的市场分析示意图。

对图 5-29 中的内容分析如下所述。

- 图表最下端蓝色代表我国贫困人群，绿色代表中产阶级，姜黄色代表富裕人群，最顶端橙黄色代表高净值人群。
- 弥财的目标客户为富裕人群中的部分人群。

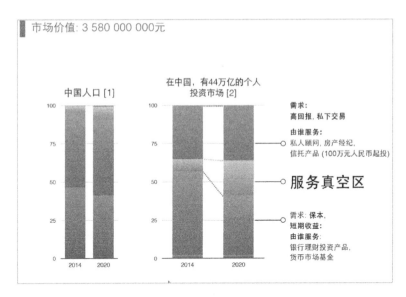

图 5-29　弥财市场分析示意图

# 第6章

## 商业模式，前景无限

**学前提示**

在人工智能技术取得重大进展的同时，其商业应用和盈利模式也有了发展——借助 5 种商业模式和 3 种盈利模式来实现其在商业上的发展。

本章将围绕人工智能技术的具体商业发展进行介绍，以便读者进一步了解人工智能技术，展望其商业前景。

**要点展示**

▶ 人工智能 5 大商业模式解析

▶ 人工智能行业的盈利模式一：卖技术

▶ 人工智能行业的盈利模式二：卖产品

▶ 人工智能行业的盈利模式三：卖知识产权

# 6.1　人工智能 5 大商业模式解析

人工智能技术经过几十年的发展，已经在多种商业场景中实现了"泛智能"化应用，其表现如图 6-1 所示。

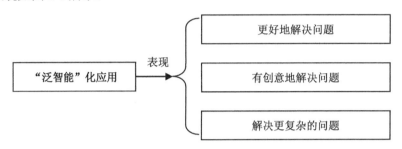

图 6-1　"泛智能"化应用的表现

在这些问题的解决和应用的过程中，人工智能逐渐形成了 5 大商业模式。本节将对这 5 大商业模式进行详细解析。

## 6.1.1　生态构建模式

在人工智能的 5 大商业模式中，人工智能的生态构建无疑是最重要的一种模式。这主要是由其发展趋势和竞争格局所决定的，其重要性如图 6-2 所示。

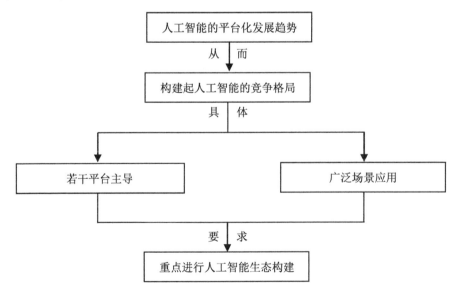

图 6-2　人工智能生态构建的重要性

由图 6-2 可知，对于人工智能来说，其平台化的发展趋势引发了人工智能竞争格局的改变，这就使其生态构建成为其未来发展的关键和重点。

在人工智能的生态构建商业模式发展中，比较成功的主要有谷歌、亚马逊等构建在互联网基础上的企业。这些企业在发展人工智能商业的过程中，经历了从入口突破到积累应用的过程，具体流程如图 6-3 所示。

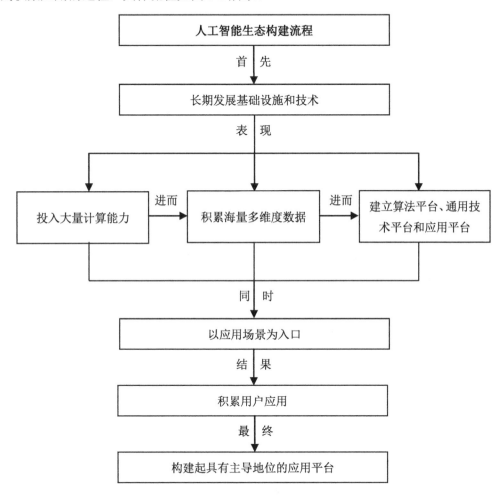

图 6-3　人工智能生态构建模式的流程

## 6.1.2　技术驱动模式

在人工智能的技术驱动模式中，发展较成功的一般是一些知名的软件公司，如 Microsoft、IBM Watson 等。这些公司凭借其在软件方面的优势构建起人工智能技术方面的优势，从而实现其商业发展落地。如图 6-4 所示为人工智能技术驱动模式流程。

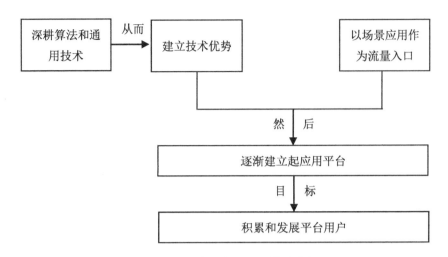

图 6-4　人工智能技术驱动模式流程

# 6.1.3　应用聚焦模式

与生态构建模式和技术驱动模式不同的是，在人工智能的应用聚焦模式中，人工智能所有的商业价值发掘集中表现在其应用场景上。应用聚焦模式既没有生态构建模式的"全产业生态链"发展点，也没有技术驱动模式的"技术层"发展点，其重点在于怎样取得场景应用的"扩大化"和"细化"。因此，在这类人工智能商业发展模式中，发展比较成功的一般是创业公司和传统行业公司。

在应用聚焦模式中，企业获取成功的因素可分为两个方面，如图 6-5 所示。

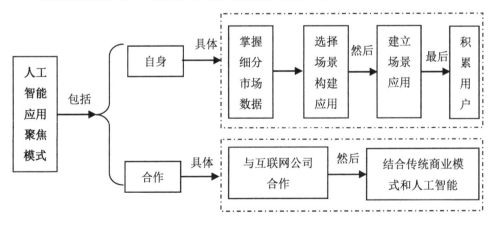

图 6-5　人工智能应用聚焦模式的分析

## 6.1.4　垂直领域领先模式

这一人工智能商业模式主要适用于那些在某些细分垂直领域发展突出的企业。例如，打车垂直细分领域的佼佼者——滴滴出行，在机器视觉和深度学习细分领域的领先企业——旷视科技等。

一方面，这些企业从外部发展出发，依靠其富有影响力的顶级应用来积累海量的用户数据；另一方面，它们又从企业自身水平出发，对所处垂直领域人工智能的通用技术和算法进行深度研发，以此打造出在垂直细分领域有着领先发展水平的企业形象。

其实，无论是滴滴打车还是旷视科技，其对人工智能商业模式应用的成功都是以下两个方面的积累和拓展，具体分析如图6-6所示。

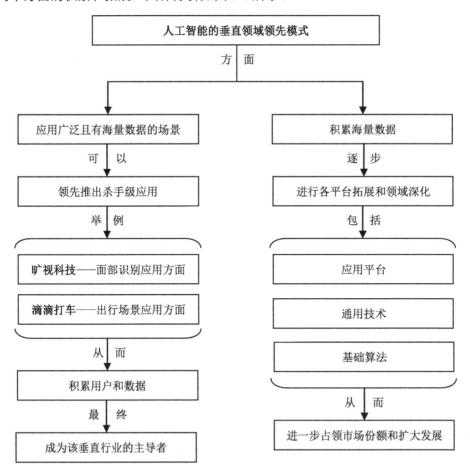

图6-6　人工智能垂直领域领先模式成功应用的分析

## 6.1.5　基础设施切入模式

这一类人工智能商业模式主要适用于一些研发芯片或硬件等基础设施的公司。它们具有最基础的技术，能解决人工智能行业发展最基本的问题。它们只要通过不断地应用拓展、技术创新和行业融合，就可以完全构建人工智能全产业链生态，并在产业链上逐步从上游向下游拓展。

一般来说，基础设施切入的人工智能商业模式的发展，首先是在其具有优势的技术领域进行的应用场景拓展，特别是在人工智能中起着重要作用的芯片方面，相关企业的人工智能商业发展总是建立在具有智能计算能力的新型芯片基础之上的。

其次，这一模式还涉及智能硬件方面的运用拓展。从这一方面来说，企业关于人工智能基础设施切入模式成功应用的分析，具体如图 6-7 所示。

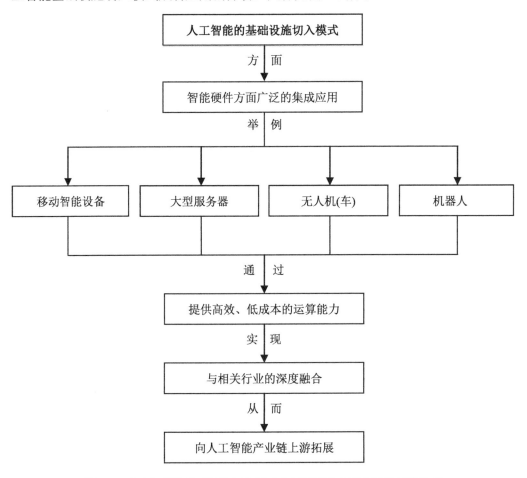

图 6-7　人工智能的基础设施切入模式在智能硬件方面应用发展的分析

# 6.2 人工智能行业的盈利模式一：卖技术

人工智能技术作为一项新兴的科学技术，"卖技术"是最基础的人工智能盈利模式。本节将对这一盈利模式进行具体分析。

## 6.2.1 各企业的人工智能技术运用

按照人工智能的技术层级进行划分，可将其产业链分为 3 个层级，即基础层、技术层和应用层。在人工智能时代，各企业对人工智能技术的抢占也基于这 3 个层面有着清楚的层级关系。下面将对每一个层级的企业对人工智能技术的运用进行介绍，具体内容如下所述。

### 1. 基础层

在人工智能产业链的基础层面上，各科技巨头纷纷推出算法平台，通过吸引开发者的注意来实现盈利。如图 6-8 所示为基础层的技术盈利模式。

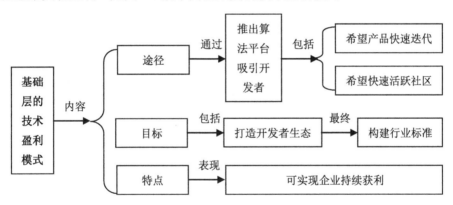

图 6-8　人工智能基础层技术盈利模式的介绍

### 2. 技术层

在人工智能的技术层面上，创业企业采取深挖技术的方式来实现盈利。其实，这一层面的人工智能企业盈利一般都是与应用层联系在一起的，都是通过对技术的深挖来实现应用的拓展以获取利润。当然，其中不乏自身只是专注于技术深挖而不进行应用拓展的企业，对于这些企业而言，它们的盈利模式主要是通过将人工智能技术这一盈利资源与其他企业进行整合来形成行业解决方案以获取利润。

### 3. 应用层

当一个企业既拥有研发的人工智能技术，又有着海量的个人用户数据时，那么，这一企业的人工智能盈利模式明显是处于应用层面的。在这一模式中，企业盈利目标的实现是一个相较于基础层和技术层来说更高层级的盈利途径，具体如图 6-9 所示。

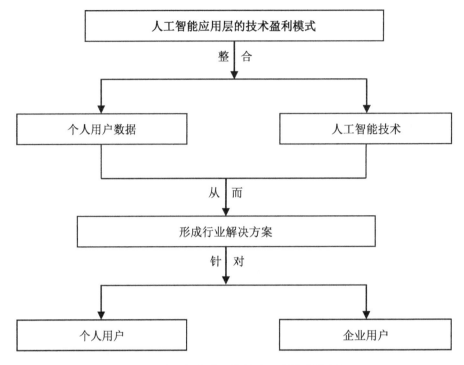

图 6-9　人工智能应用层技术盈利模式的介绍

## 6.2.2　人工智能技术服务的意义

人工智能技术服务既对盈利企业自身产生了影响，也对社会产生了影响。因此，在此可从这两个方面分别介绍人工智能技术服务的意义。

### 1．企业自身

对企业自身而言，一方面企业通过为其他企业提供技术服务获取利润，这是从最基础的层面来说的，且这些获得的盈利是支撑研发人工智能技术的企业继续发展和进步的资源和动力。

另一方面，企业在通过为其他企业提供技术服务的过程中，可以检验技术的应用，找准下一步研发的方向。当然，在技术服务的实践过程中，企业技术研发能力的提升也将更加顺利和快速，在实践中获得的感悟将助力技术研发更进一步发展。

### 2．外界社会

在企业自身之外，人工智能技术服务的意义可从两个方面进行介绍，一是对所服务的企业，二是对整个社会，具体如图 6-10 所示。

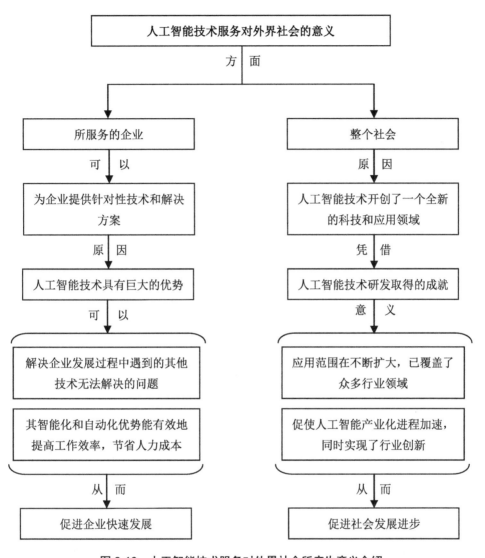

**图 6-10 人工智能技术服务对外界社会所产生意义介绍**

## 6.2.3 人工智能技术服务的条件

在人工智能技术迅速进入人们的认知和生活应用领域时，其技术服务也对企业提出了挑战。在这种情况下，企业应该找准"关口"条件，为人工智能技术服务的发展提供有力的支撑。

从这一方面来说，技术要想获得发展，就应该实现技术创新。在此，"技术创新"并不是单指技术本身的深度研发和发展，更重要的是体现在人工智能技术方法的创新上，具体内容如下所述。

### 1. 集成化创新

集成化创新是针对人工智能技术领域内部而言的创新，它要求人工智能技术在应用中不能以单一的计算理论和方法来提供解决方案，而是应该进行人工智能技术方法的集成，具体如图 6-11 所示。

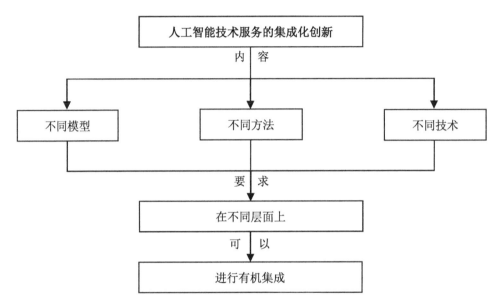

图 6-11　人工智能技术服务集成化创新分析

### 2. 跨学科创新

跨学科创新是针对全部社会学科领域和行业而言的创新，它要求人工智能技术不能单一地以技术为准则来实现应用的扩大化，而是应该把人工智能技术融入到其他学科和行业中，实现不同学科之间与人工智能技术服务的跨界融合，以使人工智能技术能够更好地得以应用和解决问题，从而推进其他学科和行业协同发展。

## 6.2.4　科大讯飞：盈利可见的人工智能企业

科大讯飞是一家专注于语音识别研发的公司，在这一领域，科大讯飞的技术水平可以说在全国乃至全世界都是领先的。如图 6-12 所示为科大讯飞官网首页。

在人工智能技术发展的获利过程中，科大讯飞有着巨大的优势，具体分析如图 6-13 所示。

图6-12　科大讯飞官网首页

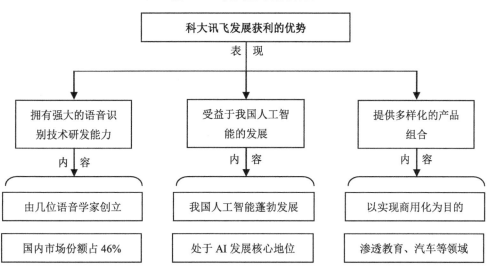

图6-13　科大讯飞发展获利优势介绍

# 6.3　人工智能行业的盈利模式二：卖产品

科学技术的进一步应用是制成可供生活、工作使用的产品，这也是各种科学技术获得盈利的方式之一，人工智能领域的各种技术也是如此。本节主要介绍人工智能产品的盈利模式。

## 6.3.1　人工智能产品

在人类日常生活和工作中，人工智能产品主要是作为一种辅助工具而出现的。如机器人，虽然称之为"人"，其实还只是在某一方面对人类的生活、工作起一种协助作用，帮助人类提高工作效率或为人类提供生活便利的机具。

而随着人工智能技术的发展，人工智能产品的种类和数量越来越多，其在市场上的占有份额也越来越大，人工智能产品逐渐渗透到人们生活的各个方面。那么，具体说来，人工智能产品主要有哪些呢？下面举例进行介绍，如表 6-1 所示。

表 6-1　各领域人工智能产品举例

| 领　域 | 智能产品 | 功　用 |
|---|---|---|
| 深度学习、游戏 | 谷歌——DeepMind | 通过深度学习快速掌握游戏玩法，精通游戏获胜方法 |
| 自然语言处理 | IBM——Watson Analytics | 为商务人士即时提供预测和可视化分析工具，有利于商务人士进一步采取有效行动和进行交互 |
| 人机交互 | 微软——Torque 中文版 | 为安卓平台的中国用户量身打造，实现手势驱动和语音交互 |
| 语言识别 | 谷歌——Youtube 自动字幕 | 让用户在不开启声音的状况下，可以观赏到网络上的各种影片内容 |
| 图像识别 | 英曼彻斯特皇家眼科医院——人工智能仿生眼 | 可以让完全失明的盲人重新恢复视力 |
| 语音识别和深度神经网络 | 微软——Skype 实时翻译工具 | 能自动翻译不同语言的语音通话和即时通信消息 |

表 6-1 中的各种人工智能产品，都是生活、工作日益智能化、自动化的表现，它们能很好地帮助人类完成各种任务，拥有更高效、便捷和舒适的生活。其实，人工智能产品还在更多方面影响着人类的工作和生活，如在完全依靠人智力思考的写作方面，也存在着机器人代替人类工作的现象。如图 6-14 所示为美联社引进的新闻写作机器人。

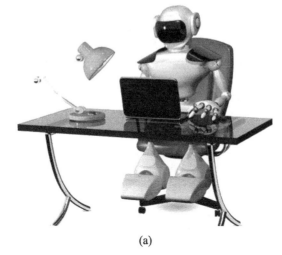

(a)

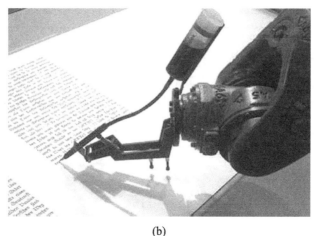

(b)

图 6-14　美联社引进新闻写作机器人

## 6.3.2　网络广告+人工智能：消费者个性化体验更真实

在网络广告营销领域，人工智能可以利用大数据这一人工智能基础进行用户画像，从而为广告主提供企业营销解决方案、解决方案平台或智能服务机器人等，帮助企业快速实现营销。

在人工智能时代的广告平台上，可以将人工智能技术融入广告投放的各个环节中，研发出更多更好的广告产品，从而让消费者更加真实地感受到平台产品提供的各种个性化消费体验。如图 6-15 所示为人工智能广告平台在各投放阶段的功能分析。

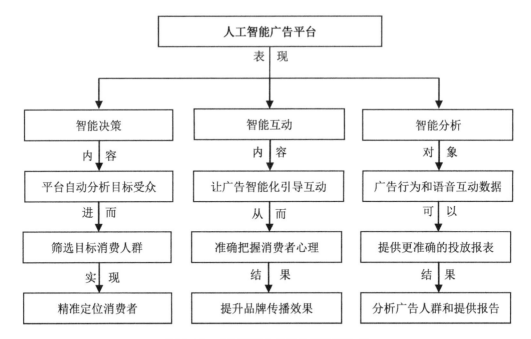

**图 6-15 人工智能广告平台的功能分析**

　　基于上述功能，企业可推出用于网络广告的智能服务机器人，从而实现线上线下的人工智能互动式媒介平台营销。使用这样的人工智能产品，营销领域将迎来新的机遇和取得重大突破，具体表现如图 6-16 所示。

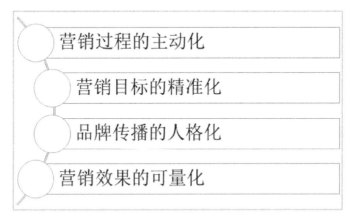

**图 6-16 人工智能服务机器人的营销突破**

　　可见，在人工智能产品的辅助下，企业营销将依靠更真实、更精准的智能化数据分析，基于消费者的喜好和需求，为其提供个性化定制的广告体验。

### 6.3.3 电子商务+人工智能：跨境和跨行业交流更简单

在人工智能产品应用悄然延伸到电商领域中时，电商领域发生了可喜的变化，那就是凭借其产品自动化和智能化的功能，电商领域在跨境交流和跨行业交流两个方面将更加简单化，具体内容如下所述。

#### 1. 跨境交流更简单

在跨境交流方面，语言是一道必须克服的难题，而人工智能可以为跨境电商的营销交流提供机器翻译，从而提高翻译质量，实现全自动本地化服务，让各方交流更简单，具体分析如图 6-17 所示。

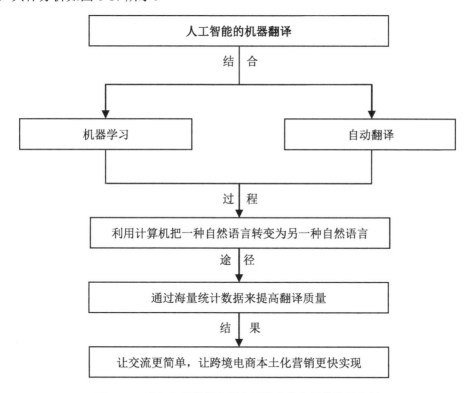

图 6-17 人工智能机器翻译在跨境交流方面的作用分析

#### 2. 跨行业交流更简单

在跨行业交流方面，人工智能产品通过不断扩大应用领域，可以把众多行业囊括进去，并就此奠定电商营销的大数据基础。因此，在人工智能产品应用的营销环境下，跨行业的营销交流也将变得非常简单，具体分析如图 6-18 所示。

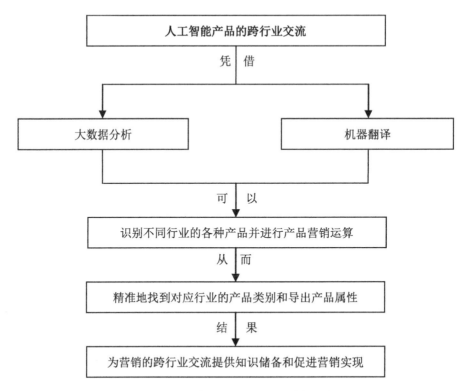

图 6-18　人工智能产品在电商领域的跨行业交流分析

## 6.3.4　社交软件+人工智能：人与人交互更有价值

社交领域运用的交流工具主要有 4 种，即传统电话、手机、智能手机和网络电话。其中，智能手机的普遍应用在为人们带来社交便利的同时，也使社交在真实性上出现了偏差，使用智能手机，人们更多地是以文字、图片的形式进行交流。

而随着人工智能和互联网技术的进一步发展，网络电话出现了。这是一种结合了智能手机优势与社交真实性而出现的应用。所谓"网络电话"，其实是一款可以进行社交沟通的 App，它可存在于智能手机、电脑、座机和 iPad 等多种通信工具上。

对于广大手机用户来说，网络电话 App 产品具有巨大的优势，它是真正实现智能社交价值提升的 App。具体来说，其优势和意义如图 6-19 所示。

例如，中华通网络电话就是网络电话应用中的一例。在技术方面，它实现了多种人工智能技术和其他技术的结合，如 VOIP 语音编解码技术、网络传输技术、通信技术等；在功能方面，它可以通过占用更少的网络宽带实现高音质通话。

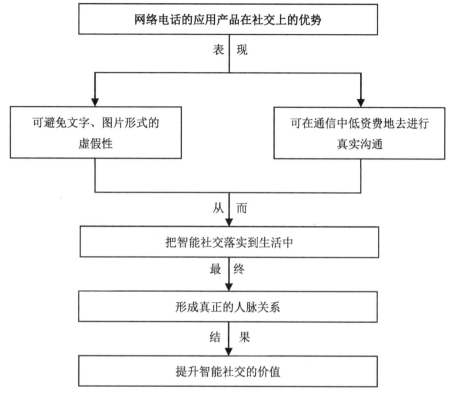

图 6-19　网络电话的应用产品在社交上的优势分析

　　基于其技术和功能方面的优势，中华通网络电话完全打开了智能社交软件的另一个新天地，那就是实现优质语音和低廉资费双赢的通信服务。

# 6.4　人工智能行业的盈利模式三：卖知识产权

　　在前面已经提及，人工智能行业的盈利模式除了卖技术和卖产品外，还包括卖知识产权。本节就围绕人工智能在知识产品方面获取盈利的方法进行介绍。

## 6.4.1　人工智能知识产权相关政策

　　人工智能是与人的智力劳动息息相关的，其所获得的科研成果是人类智慧的结晶，应当受到政策上的支持和法律的保护。我国对人工智能的知识产权所采取的支持政策包括以下两个方面的内容。

### 1．发文支持人工智能的"三化"

所谓"三化"，即人工智能"产品化""专利化"和"标准化"。首先明确对人工智能的各项标准化要求作出了规定，然后进一步明确了人工智能的产品化、专利化、标准化目标，具体如图 6-20 所示。

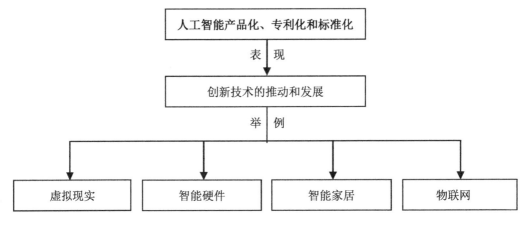

图 6-20　人工智能产品化、专利化和标准化目标

### 2．加紧布局人工智能关键技术

就人工智能技术的发展现状而言，我国在人工智能领域的成就主要表现在多元技术方面，如在语音、图像、文字和人脸识别等方面已有了较高的发展水平，而对于那些处于基础、前沿地位的关键技术我们还比较欠缺，这也是我国人工智能发展迫切需要取得突破的重点问题。

基于这一发展情况，我国在相关政策方面对人工智能关键技术给予了支持，如在中共中央办公厅、国务院办公厅印发的《关于促进移动互联网健康有序发展的意见》(以下简称《意见》)中，明确提出了要"实现核心技术系统性突破"的目标，在人工智能关键技术方面加快了布局步伐。

特别是在《意见》中提出的"创新驱动发展战略"，致力于在科研上对人工智能的核心技术取得研发突破，具体技术方面如下所述。

- 移动芯片。
- 位置服务。
- 智能传感器。
- 移动操作系统。

## 6.4.2　专利保护政策的重要性

推动人工智能技术的发展，不仅需要通过踏实创新，以便打开未来市场大门，还应该加大保护策略的力度，切实保护人工智能创新成果。而专利政策是保护人工智能成果有效、有力的支柱。

同时，专利保护政策也是人工智能技术实现以开源或者开放为手段的商业策略的基础。在社会生活中，人工智能作为一种技术，只有加以开放应用才能实现其真正的价值。而要加以开放应用，那就必须满足两个方面的要求，具体如图 6-21 所示。

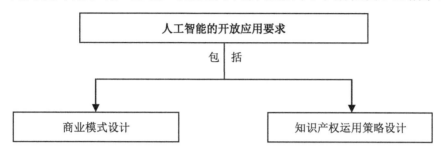

图 6-21　人工智能开放应用所需满足的要求

因此，加大专利保护政策力度，是促进人工智能技术发展的重要途径。而从这一方面来说，必须在人工智能专利申请上加以重视。总的来说，就是针对人工智能创新成果多是跨学科的复杂性特点，在撰写专利申请时，要求撰写人应该注意以下几个方面。

● 应该突出人工智能成果相关专利的创新方面。
● 在技术细节方面必须要翔实和进行深度挖掘。
● 结合技术创新点、技术细节和具体应用场景。
● 应该合理地布局和构架知识产权权利要求书。

## 6.4.3　各企业的人工智能专利布局

人工智能专利布局不仅表现在国与国的竞争之中，从更基础的层面来说，它还表现在企业与企业的竞争之中。在此，介绍一些企业在人工智能领域的专利布局状况，具体内容如下所述。

### 1．百度专利布局

百度作为全球最大的中文搜索引擎，相较于其他语种的搜索引擎而言，在语音技术方面具有得天独厚的优势。正是基于这一优势，百度在语音、人工智能领域创造出了不错的成绩，并拿下了 1500 多项人工智能专利。

更重要的是，在《麻省理工科技评论》评选的"全球 50 大创新公司"中，百度战胜了谷歌、微软等世界知名科技企业，排名第二，可谓取得了举世瞩目的佳绩。

### 2．IBM 专利布局

上面举例介绍了百度这一国内企业的人工智能专利布局，接下来举例介绍一下国际企业——IBM 在人工智能领域的专利布局状况。IBM 的专利布局总数量为 8088 项，涉及人工智能、认知计算和云计算共 2700 项。

IBM 之所以能取得如此傲人的成绩，其中最主要的原因还是其在人工智能、认知计算和云计算这 3 个领域所取得的专利数量多，使其专利总数量得以大幅增加，如图 6-22 所示。

图 6-22　IBM 的人工智能专利布局状况

# 第7章

## 营销场景，广阔天地

**学前提示**

　　对营销领域而言，人工智能技术所带来的变化无疑是令人惊叹的——它带来的是整个营销方式的变革，特别是人工智能环境下场景化营销的实现，更是有着深刻的时代意义。本章包括人工智能技术对营销产生的影响以及在营销领域的应用两个方面的内容。

**要点展示**

▶ 人工智能技术给营销带来可喜变化
▶ 人工智能技术在营销中的应用案例

# 7.1 人工智能技术给营销带来可喜变化

从广告内容的优化，到更有价值的数据，再到提高预测的准确性，人工智能技术将逐渐渗透到市场营销领域中，并带给其可喜的发展变化，为市场营销活动创造一个全新的天地。

## 7.1.1 广告内容的优化

当人工智能技术被引入营销领域时，该领域内的各方面都将围绕人工智能技术发生改变。特别是营销的基础——广告内容，更是在人工智能技术的指导和帮助下助力营销目标更快地实现。

众多媒体开始引入人工智能技术进行一般文案的撰写，这同样意味着人工智能技术的功能有了重大提升，具体表现如图 7-1 所示。

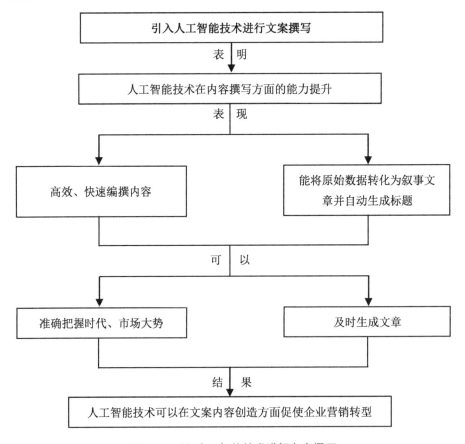

图 7-1 引入人工智能技术进行文案撰写

可见，在人工智能技术的引入过程中，广告文案的写作一方面凭借人工智能技术的智能化提升了写作效率，另一方面又在其帮助下利用海量数据准确获知了消费者需求，创造了更具个性化的营销内容，使营销效果更佳。

## 7.1.2　更有价值的数据

在瞬息变化的市场上，大数据和人工智能的融合应用已经成为主流趋势，是市场营销发展的重要支撑。在这一融合趋势中，人工智能技术是大数据利用更有效、更有价值的基础，具体分析如图 7-2 所示。

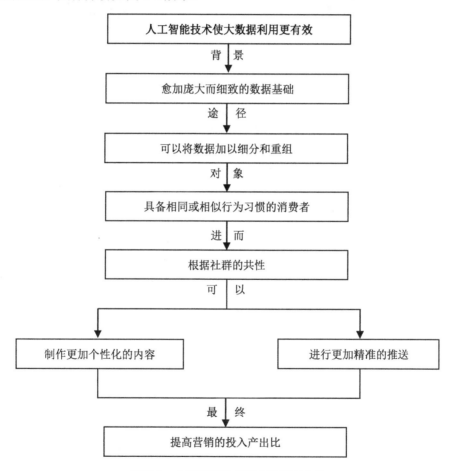

**图 7-2　人工智能技术使大数据更有效**

从图 7-2 中可知，人工智能技术使大数据更有效主要表现在两个方面，一是目标客户的细分，二是内容的精准推送。其中，前者是后者的基础，后者是前者的最终表现。

在目标客户精准细分方面，运动品牌 Under Armour 就是和 IBM 进行合作，基于人工智能技术和大数据，开发了一款可根据周边相似用户数据，为使用者提供个性化健康建议的健身 App，如图 7-3 所示。

图 7-3　Under Armour 和 IBM 合作

在内容的精准推送方面，美国的 Outbrain 公司则借助人工智能技术，把内容推送给挑选出来的、更有可能阅读的客户，这样能在很大程度上减轻营销人员的工作量，保证信息的有效传播，提升被目标客户阅读的概率。

## 7.1.3　提高预测的准确性

上面已经介绍了大数据对客户细分和内容推送的影响，其实，大数据结合人工智能技术，还能对市场的未来趋势作出预测，以便企业更好地把握营销领域发展方向。

在数据爆炸的当今时代，人工智能技术是可以指引企业发现营销金矿的"先知"，其应用将会在营销领域产生不同寻常的效果。如图 7-4 所示为传统条件下与人工智能条件下的营销效果对比。

图 7-4　传统情况下与人工智能条件下的营销效果对比

那么，人工智能技术究竟是怎样促成其在营销领域的巨大变化的呢？又是怎样让企业能够更好地把握公司发展趋势的呢？具体流程介绍如下所述。

(1) 发达的信息技术促成不同渠道的数据获取。

(2) 借助特殊的智能算法，遴选出有效的信息。

● 与企业自身相关。

● 与自身行业相关。

● 与消费者相关。

(3) 构建能准确预估潜在结果的模型。

(4) 企业进行精密分析，获得决策依据。

(5) 实现销售量和用户数量的双增长。

# 7.2  人工智能技术在营销中的应用案例

综上所述，人工智能可以给营销领域带来诸多可喜的变化，它的应用和介入是营销领域获得发展的一大机遇。本节将通过以下案例具体介绍人工智能技术在营销领域的应用、影响和意义。

## 7.2.1  亚马逊：Echo 与用户的互动

如图 7-5 所示是名为"Echo"的无线扬声器设备。它是亚马逊推出的一款语音交互式蓝牙音箱。

**图 7-5  亚马逊 Echo**

亚马逊 Echo 内部设置有语音控制系统和虚拟助手 Alexa。这一系统具有多种功能，具体如下所述。

● 同步语音数据。

● 播放音乐。

● 智能家居设备控制。

正是利用这一系统及其功能，亚马逊 Echo 实现了与用户的有效互动，带给用户全新的体验，具体内容如图 7-6 所示。

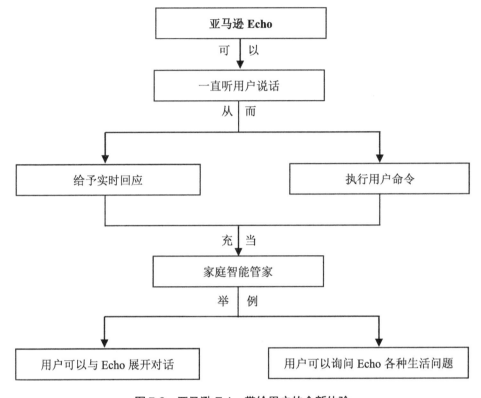

图 7-6 亚马逊 Echo 带给用户的全新体验

## 7.2.2 百度：度秘(Duer)提供多种服务

度秘(Duer)是内嵌在手机百度 App 中的对话式人工智能助理，如图 7-7 所示。

图 7-7 度秘

它可以为用户提供多种优质服务，主要内容如图 7-8 所示。

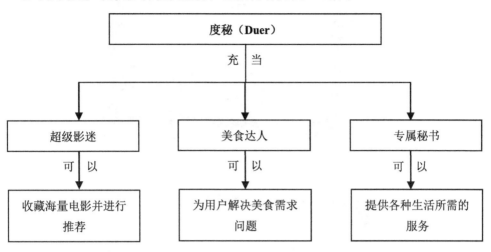

图 7-8　度秘(Duer)的各种功能介绍

度秘能够为广大用户提供秘书式搜索服务，它依托百度强大的搜索及智能交互技术，不仅可为用户推荐产品和服务，还可以主动为用户提供营销过程中的下单、支付和结果反馈等服务，完全不需要用户参与，是一种智能化、自动化的营销行为。

此外，它还可以通过以往数据的积累和模仿学习，在对产品作出评估和根据时间排列推荐产品时，智能化地帮用户作出是否替换产品的决定。

## 7.2.3　宜家家居：把家具"摆在"家里

自第一本宜家目录诞生以来，宜家家居利用这一有效的推广手段在营销领域取得了巨大成功，在家居行业打造出了广阔的营销市场。特别是自宜家推出产品手册以来，给消费者带来了不一样的消费体验。宜家将产品手册与扩增实景的 App 相结合，加入了互动元素，消费者只要在具有特定内容的页面上晃动手机，就可实现对家居产品的透视，通过一本产品手册就可完全观览家居产品的"实景"及其内部构造，还可了解产品的 3D 结构、观看视频介绍或阅读数字说明书等。

消费者通过 App 扫描，就可以用手机看到家居"实物"在家中摆放的具体样式。例如，消费者想置办一个茶几，只要在家中预备摆放家具的位置放上宜家产品手册，然后对着印有数字标志内容的页面晃动手机，就可查看家居产品效果，如图 7-9 所示。

(a)

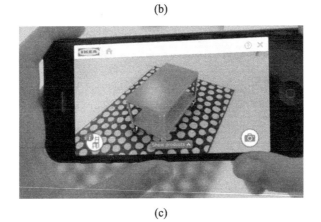

(b)

(c)

**图 7-9　宜家家居产品手册让家具"摆"在家里**

## 7.2.4　哈根达斯：等待两分钟，口感更佳

哈根达斯作为全球知名的冰淇淋品牌，一直深受消费者的喜爱，主要是基于 3 个方面的因素，如图 7-10 所示。

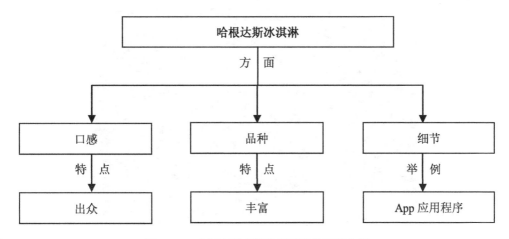

图 7-10　哈根达斯冰淇淋品牌优势因素介绍

其中，哈根达斯适应时代的发展潮流，推出的 App 应用程序——Concerto，带给了消费者不一样的消费体验。

消费者只要下载安装 Concerto 这个 App 应用程序，用它扫描哈根达斯冰淇淋杯盖上的二维码，即可出现一个虚拟的男性或女性音乐家为消费者演奏小提琴曲，如图 7-11 所示。

图 7-11 中的小提琴演奏将持续两分钟，而这两分钟恰好是哈根达斯冰淇淋从冰箱拿出后融化至口感最佳的时间。这一 App 为消费者在等待冰淇淋融化至口感最佳状态时提供了音乐欣赏的娱乐体验，而这一效果的呈现是建立在与人工智能相关的 AR 技术基础上的。

(1)

(2)

图 7-11　哈根达斯 App 实时演奏

(3)

图 7-11　哈根达斯 App 实时演奏(续)

## 7.2.5　VR+人工智能技术：身临其境之感

VR 眼镜是一款实现 VR 技术与人工智能技术结合的产品，它能让用户产生"身临其境"之感，更加真实地感受一些一般情况下无法感受到的体验，如太空、海底、瀑布等。如图 7-12 所示为 VR 眼镜效果。

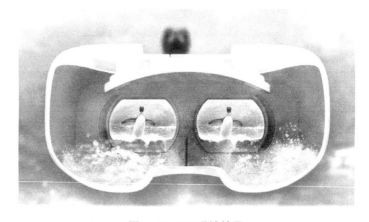

图 7-12　VR 眼镜效果

这一产品被引入生活应用中，特别在教学领域有着比较显著的效果。它是"数字校园"建设进入 2.0 版本的标志，是在引入平板电脑 1.0 版本实验上的又一大进步。

对学生而言，VR 眼镜可以让他们"真实"感受存在于想象中的画面，从而激发他们学习的兴趣；对教师而言，当学生学习兴趣增强时，其教学效率也将大大提升，可谓一举多得。

## 7.2.6 Yi+人工智能的场景化营销广告

在人工智能时代，营销领域的场景化实现是人工智能技术应用的重要体现，促使营销进入了场景营销的 AI 时代。场景化营销需要正确把握 4 个为营销提供价值的方面，它们构成了一个完整的营销场景。

- 正确对应时间。
- 正确对应地点。
- 正确对应人群。
- 正确对应需求。

Yi+的出现更是让场景化营销融入了人工智能技术的元素，从而建构起了全新的应用场景，创造了全新的营销机会。

Yi+是一款人工智能计算机视觉引擎，在汽车制造业领域的应用比较常见，如人们熟知的"宝马"就充分应用了这一产品，实现了融入人工智能技术的宝马场景化营销，具体内容如图 7-13 所示。

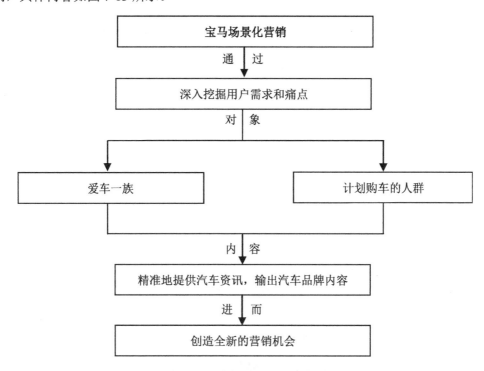

**图 7-13 宝马场景化营销介绍**

上面所说的宝马场景化营销，其实是基于 Yi+提供的解决方案而实现的，是 Yi+人工智能视频分析技术的结果，它实现了视频内容智能分析与匹配邻域的最佳结合。

在这一解决方案中，Yi+的价值就在于为汽车广告的投放和视频内容，为企业提供最强相关的场景化营销，具体表现如图 7-14 所示。

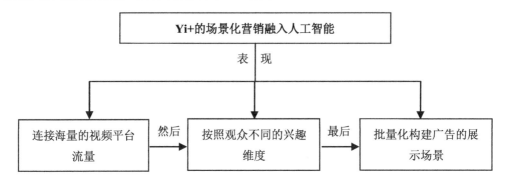

图 7-14　Yi+的场景化营销融入人工智能的表现

## 7.2.7　宝马：iGenius 技术答题解惑

面对一款新产品，消费者总会向企业提出各种各样的问题。可能有些企业会说："我们已经准备了那么多的宣传材料和产品说明，还是不能避免这些烦琐的工作，那么应该怎样才能最大程度上节省这一方面的工作时间呢？"

在此，人工智能技术为企业提供了解决方案，让企业可以智能化地完成对消费者的问题解答，有效减省相关工作内容。下面以宝马汽车 i 系列的发布为例来加以说明。如图 7-15 所示为宝马汽车的 i3 电动车。

图 7-15　宝马汽车的 i3 电动车

在宝马的电动汽车发布会上，宝马使用了 iGenius 技术来为消费者解答问题。iGenius 技术以文本的形式，针对宝马电动汽车新款发布场景，提供了问题解答方案。如图 7-16 所示为 iGenius 技术的功能介绍。

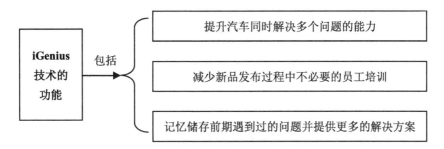

图 7-16　宝马汽车的 iGenius 技术应用功能的介绍

## 7.2.8　智能邮务通邮政营销系统

随着人工智能技术的发展，其所涉及的应用领域也得以扩展。例如，人工智能技术在邮政营销领域的应用——智能邮务通邮政营销系统，通常简称为"智能邮务通"。这一营销工具的应用主要是基于无线通信网络和信息技术而建立的，主要可分为两个部分，如图 7-17 所示。

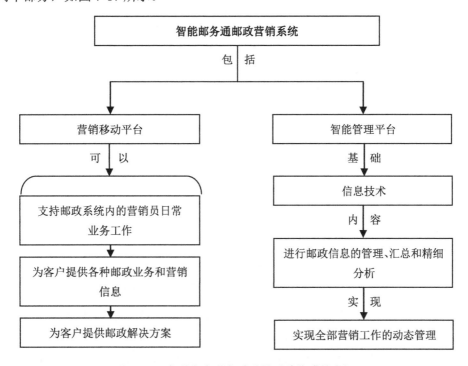

图 7-17　智能邮务通邮政营销系统构成的介绍

"智能邮务通"能解决邮政营销活动中的一系列问题，并在增强邮政企业核心竞争力的过程中推进邮政营销方式的变革，这一变革主要体现在 4 个方面，具体内容如下所述。

- 科学化。
- 信息化。
- 规范化。
- 便捷化。

而这些又是由"智能邮务通"系统的工作性质和工作特点所决定的。也就是说，"智能邮务通"系统"移动、实时、协同、智能"的特点促使邮政营销工作发生了变化，量变引起质变，在逐渐的变化中彻底实现了变革。

## 7.2.9　Conversica 智能销售助理

人工智能技术在营销方面还有着诸多应用，特别是一些初创公司利用人工智能技术和机器学习能力来帮助自身促进和简化销售流程，更是引起了各投资方的关注。下面以 Conversica 为例，具体介绍其在人工智能技术和机器学习方面软件平台的开发。

Conversica 的旗舰产品是一个会话式的人工智能销售助理。在此，作为"助理"的平台主要可以帮助销售人员建立与客户的联系，当这一环节完成后，其他工作将逐渐转移给销售人员。如图 7-18 所示为 Conversica 提供的会话式人工智能销售助理的功能。

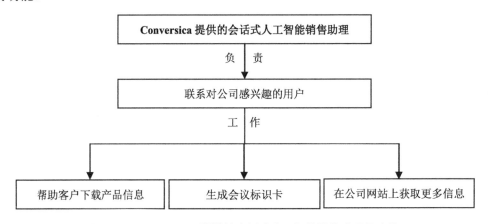

图 7-18　Conversica 提供的会话式人工智能销售助理的功能

当然，Conversica 提供的会话式人工智能销售助理能提供的功能并不是只包含建立与客户联系这一方面，它还具有代表公司洽谈业务的功能。智能助理的业务洽谈功能的智能化实现并不是毫无依据的，而是依据公司规定的流程进行的，并在公司流程的要求和指导下，向用户解答智能助理可以处理的问题。

# 第8章

## 热门领域，实战应用

**学前提示**

在信息量增大，信息呈碎片化的时代，人工智能技术的应用也越来越为人类所重视。在人工智能技术的支撑下，凭借越来越多的数据实现了技能和价值的提升，产品越来越"聪明"。

**要点展示**

- 工业领域
- 医疗服务领域
- 安防领域
- 社交领域
- 人工智能的热门领域：机器人
- 无人驾驶领域
- 其他领域

# 8.1　工业领域

人工智能在产业、经济和生活方面所产生的变化主要表现在 3 个领域，即工业制造、服务业和家庭生活。其中，工业制造是人工智能技术应用的主要领域，"智能制造"也由此而产生。

本节将从工业领域的人工智能应用出发，具体介绍人工智能的应用状况及其与各细分的工业领域的关系。

## 8.1.1　机器视觉 AI 与工业检查

能源产业是工业的重要组成部分，是保证工业发展正常运行的力量所在。而能源产业的定期检查与维护，又是确保能源产业生产安全的必要环节，然而因为这类检查任务往往需在比较恶劣或极端恶劣的环境中进行，其任务的完成存在很大的难度，并且容易造成人员伤亡。

随着无人机技术的发展，在工业检查方面已经可以利用无人机回传的视频和图片来完成结构方面的检查了。

在工业领域，现有的机器视觉 AI 技术有着广泛的应用。如图 8-1 所示为工业领域的机器视觉 AI 技术应用原理。

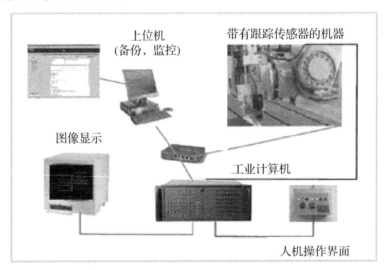

图 8-1　工业领域的机器视觉 AI 技术应用原理

把机器视觉 AI 技术加入无人机将能有效地弥补工业检查方面的各种缺陷，具体分析如图 8-2 所示。

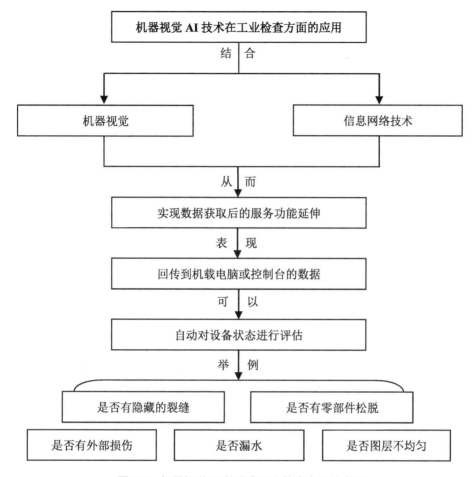

图 8-2　机器视觉 AI 技术在工业检查方面的应用

## 8.1.2　富士康推进"机器换人"行动

以前，富士康作为代工厂商，基于节约成本和获得最大化利润的考虑，一直是人力+机器的生产方式，其工厂用工规模将近 100 万人。然而后来，富士康开始积极推进机器换人行动，提升自动化生产水平，其实这一行动是基于以下 3 个方面的原因。

- 劳动力成本的增加。
- 利润空间逐渐缩小。
- 国家发展战略引导。

在这一行动中，富士康已经投入了 4 万台机器人参与到公司各生产流程中。如图 8-3 所示为富士康机器人。

这些被投入生产的机器人遍及富士康集团各部，实现了机器换人的广泛应用，这是基于富士康加工产业在地域上分布广泛而实现的，如图 8-4 所示。

图 8-3　富士康机器人

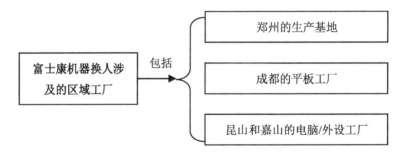

图 8-4　富士康机器换人涉及的区域工厂

　　其中，就设在昆山的工厂而言，就以裁掉 6 万员工的代价加快了机器换人的步伐。而这些应用和安装的机器人大多是富士康自己生产的，它以 1 年打造 1 万台机器人的水平在继续发展着，特别是其代加工的苹果手机，除了部分零件外，其他被应用到苹果产品制造上的机器人都源自自家。

　　从富士康的机器换人行动可知，其应用的动力就在于机器人对长期发展所带来的优势，具体表现在两个方面：一方面，它可以实现流水生产线上的劳动力解放；另一方面，工业机器人具有可持续作业和单位生产效率高的特点，从而有利于降低生产成本。

## 8.1.3　石油化工的信息智能化

　　石油工业需要一天 24 小时不间断地连续生产，具有明显的连续性特征。这就促使其必须通过实现信息化来保证生产过程的实时操作和监测，具体事项如图 8-5 所示。

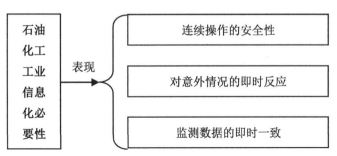

**图 8-5　石油化工工业信息化的必要性表现**

而随着石油化工工业的发展进步和人工智能技术的推进，石油化工工业对信息化提出了进一步要求——实现信息技术与人工智能技术的结合已经成为其未来的发展方向和趋势。同时，信息智能化也是石油化工工业生产过程中促进各环节优化的综合技术，具体如图 8-6 所示。

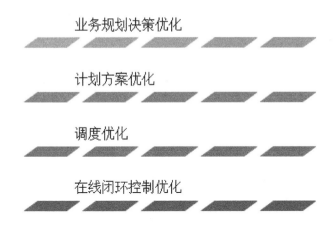

**图 8-6　石油化工工业的信息智能化综合技术**

## 8.1.4　人工智能技术与陶瓷工业

短短数十年，人工智能技术就实现了从概念提出到广泛应用于各领域的发展。其中，陶瓷工业也是现今人工智能技术应用的重要领域之一。这一领域的应用主要体现在 4 个方面，如图 8-7 所示。

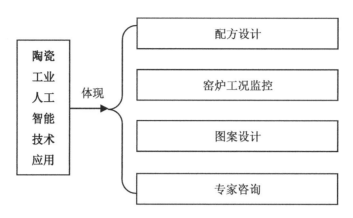

**图 8-7 陶瓷工业人工智能技术应用的体现**

可见，在陶瓷工业生产过程中，人工智能技术的应用已经比较常见。其实，与其说是人工智能技术应用的广泛，不如说是融入了人工智能技术的计算机应用技术的应用广泛。

在整个陶瓷工业生产过程中，无论是配方设计，还是窑炉工况参数控制，抑或是陶瓷的外形设计或专家咨询，都需要利用计算机进行控制和调节。如人工智能的专家系统，就是通过计算机完成智能图案设计和专家咨询工作的，具体如图 8-8 所示。

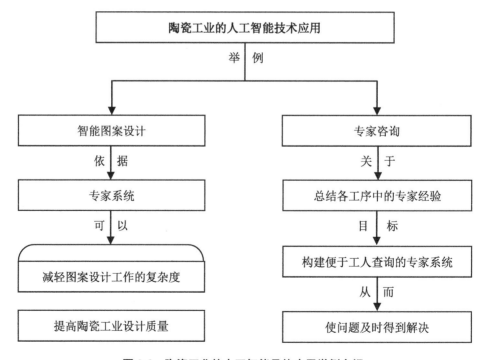

**图 8-8 陶瓷工业的人工智能具体应用举例介绍**

## 8.1.5 人工智能技术与工业设计

人工智能技术要想获得实际应用，就必须有相关的产品输出。从这一方面来说，所有人工智能产品的工业设计都是人工智能技术应用的前提，它将人工智能技术与产品进行了有效的结合，并为进一步在人们生活中实现产品功能应用奠定了基础。

因而，就人工智能技术与工业设计的关系而言，它们都是为产品服务的，是产品的主要内容，具体如下所述。

- 就产品的外观而言，工业设计构成了其主要内容。
- 就产品的感觉而言，人工智能技术构成了其主要内容。

在智能产品从技术到应用的过程中，人工智能技术与工业设计缺一不可，它们形成了相辅相成的关系。

而且，基于上面提及的人工智能技术与工业设计的关系，人工智能技术与工业设计的结合体——智能产品的设计应该注意 4 个方面的问题，具体如图 8-9 所示。

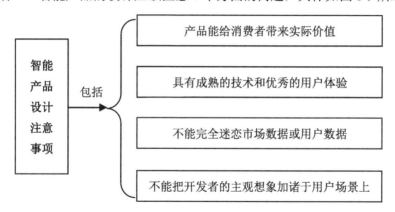

图 8-9 智能产品的设计应该注意的问题

# 8.2 医疗服务领域

医疗服务领域与人类的切身利益息息相关，人工智能技术在此的应用也非常广泛。可以说，在人工智能技术的推动下，医疗服务获得了更广阔的发展天地，并很好地为其服务水平的提升创造了条件。

## 8.2.1 医疗产业的智能化趋势

近几年来医疗行业智能化趋势日益明显，其中比较突出的表现是医疗健康智能硬件的市场规模更新数据。由此可见，人工智能技术将在医疗行业的未来发展中掀起热潮。

人工智能技术和产品在国内外的应用探索已经有了比较广阔的市场，并具有继续攀升的趋势。如表 8-1 所示为国内外关于人工智能技术用于医疗领域探索的举例。

表 8-1　国内外关于人工智能技术用于医疗领域探索的举例

| 范　　围 | 应用探索 | 具体内容 |
|---|---|---|
| 国内 | 百度发布"百度医疗大脑" | 用于患者的初始问诊，具体过程如下所述。<br>(1)在百度医生 App 上输入病情特征。<br>(2)在模拟医生问诊流程环境下，与用户进行对话。<br>(3)了解用户病情，完成就医前的辅助诊疗 |
| 国外 | 微软推出计划"Hanover" | 试图借助人工智能技术，寻找最有效的治疗方案和药物 |
| | 谷歌开发名为"Streams"的软件 | 其开发者为谷歌的 DeepMind 成立 DeepMind Health 部门，并成立了英国国家健康体系(NHS) |

## 8.2.2　人工智能+医疗前景可期

人工智能+医疗，两者的结合无论是从股权融资交易，还是从初创公司交易的比重来看，都有着可喜的发展。且就发展趋势和两者关系而言，可得出两个结论，具体如图 8-10 所示。

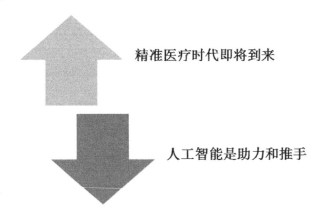

精准医疗时代即将到来

人工智能是助力和推手

图 8-10　人工智能加速精准医疗时代的到来

图 8-10 中的结论揭示了人工智能+医疗的发展前景——它将是值得期待的。这一发展前景又在社会现实和发展状况中得到了证实，具体内容如下所述。

- 政策支持：《"健康中国" 2030 健康规划纲领》提出，要全面实现医保智能监控，这是政策对医疗行业中适合应用人工智能技术的领域给予的支持。
- 数据支撑：借助医疗领域的众多实践经验，在计算机技术中加入人工智能技术，对各种与医疗相关的数据进行解读，可以获取更具优势的数据结论。

● 企业推进：一些大企业纷纷开始在医疗图像和诊断数据分析等方面进行研究和开展平台建设，这样做可以有效地消除技术壁垒，促进人工智能+医疗的结合与发展。

## 8.2.3　人工智能+医疗发展目标

人工智能+医疗的结合要想获得发展，加快精准医疗时代的到来，就有必要从 3 个方面着手，制定发展和实现的目标。如图 8-11 所示为人工智能+医疗的发展目标。

图 8-11　人工智能+医疗的发展目标

## 8.2.4　微软助力智能医疗服务升级

如图 8-12 所示为 2017 微软 Build 开发者大会。在 2017 微软 Build 开发者大会上，微软发布了一系列全新人工智能技术和服务，为众多人工智能开发者带来了机遇，名为"Airdoc"的成长型企业就是其中一家。

图 8-12　2017 微软 Build 开发者大会

Airdoc 的专注点在于如何通过"深度学习"这一人工智能技术提升医学诊疗效率，基于这一关键点，Airdoc 着手进行人工智能应用探索，具体内容如图 8-13 所示。

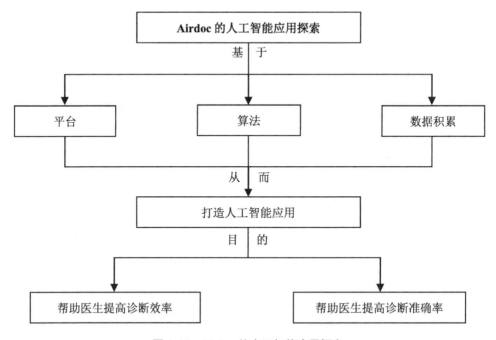

图 8-13　Airdoc 的人工智能应用探索

在人工智能应用探索的过程中，Airdoc 已在放射影像、肿瘤、皮肤科和眼科等领域实现了技术上的突破和应用。这些成就的取得在一定程度上应归功于微软人工智能平台的强大优势，它满足了 Airdoc 在大规模医疗数据和实时并发方面的需求。

在微软认知工具包的支持下，利用其强大的功能，并在完成其平稳迁移和确保相关工具准确度的前提下，Airdoc 实现了自身在人工智能应用方面的具体目标，如图 8-14 所示。

图 8-14　Airdoc 在人工智能应用方面的具体目标

## 8.2.5 Watson：肿瘤的诊断和治疗

随着人工智能技术的发展成熟，IBM Watson 形成了以肿瘤为重心的人工智能医疗服务应用。在人工智能成为一种新型医疗工具的过程中，逐渐完成了 IBM Watson 肿瘤解决方案的应用训练。

这里所说的"IBM Watson 肿瘤解决方案"，其实是由 Watson 与纪念斯隆·凯特琳癌症中心进行合作的成果，并且建立在众多工作和数据信息基础之上，如图 8-15 所示。

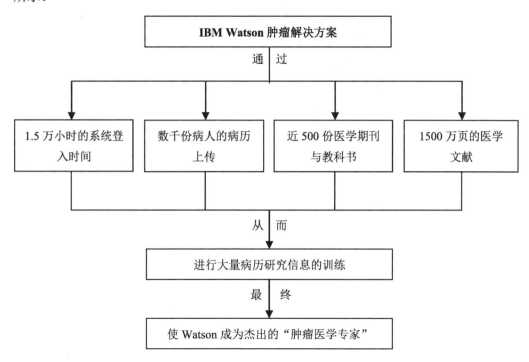

图 8-15　IBM Watson 肿瘤解决方案训练介绍

在 IBM Watson 肿瘤解决方案训练完成后，这一系统就被部署到许多领先的医疗机构，用于肿瘤的诊断和治疗。在对肿瘤进行诊断和治疗的过程中，IBM Watson 肿瘤解决方案的医疗服务过程包括 3 个步骤，具体内容如图 8-16 所示。

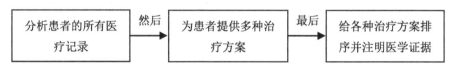

图 8-16　IBM Watson 肿瘤解决方案的医疗服务流程

# 8.3 安防领域

所谓"安防"，即安全防范，这是针对各种安全隐患和社会安全而言的。对于安防而言，它与石油化工工业一样，都具有持续性的特点，因而它也要求即时的数据信息和监测，而人工智能技术是能满足其即时性要求的重要技术。

## 8.3.1 传统安防的 4 大痛点

在传统安防的建设方面，随着时代的发展和安防领域的拓展，各种安防问题层出不穷，成为我国城市安防工程建设的重要阻碍。总体说来，传统安防在建设平安城市、智慧城市过程中存在 5 个方面的"痛点"问题，如图 8-17 所示。

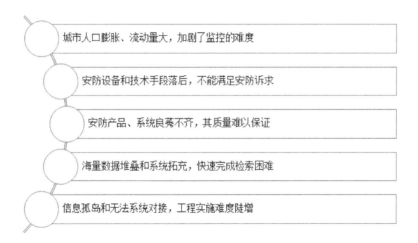

图 8-17 传统安防存在的"痛点"问题

## 8.3.2 安防智能化的政策推动

基于传统安防发展的现状和存在的"痛点"问题，亟须通过各种途径加快安防技术的发展。其中，积极利用现代化技术加强对公共安防的控制就是一个方面，而要想发展现代化技术和实现现代化技术与公共安防的结合，政府的政策支持和推动非常重要。

从这一方面来说，依据国家推出的各种政策推动国家安防行业的智能化建设已经成为政府工作和安防建设的重要内容。在政策方面，安防领域的智能化建设得到了不少政策支持，在此举例说明，如图 8-18 所示。

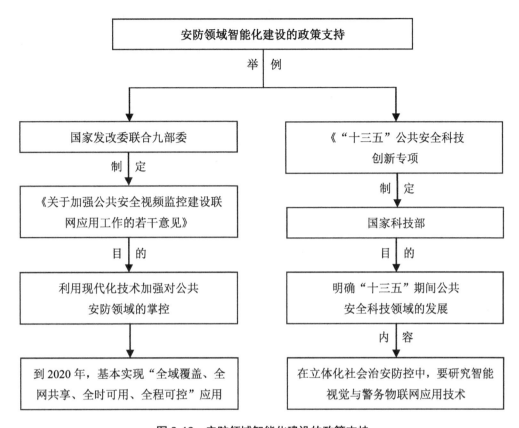

图 8-18 安防领域智能化建设的政策支持

## 8.3.3 交通安防的智能化

在人工智能技术快速发展的形势下，交通行业的安防建设利用人工智能技术实现了智能化发展，具体表现如图 8-19 所示。

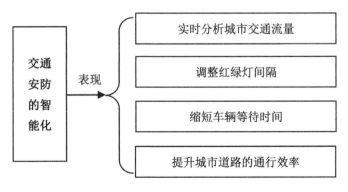

图 8-19 交通安防的智能化表现

图 8-19 中提及的交通安防利用人工智能技术实现智能化的 4 种表现，在前后顺序和效果承接方面有着紧密联系，前一种表现的智能化结果可呈现为下一种智能化表现，其最终目的在于效率的提高。

其实，城市"人工智能大脑"下的交通安防，是在掌握各种车辆信息的前提下，对交通数据资源的合理利用和调控，从而保证交通安全和出行畅通。如图 8-20 所示为智能化的交通安防系统。

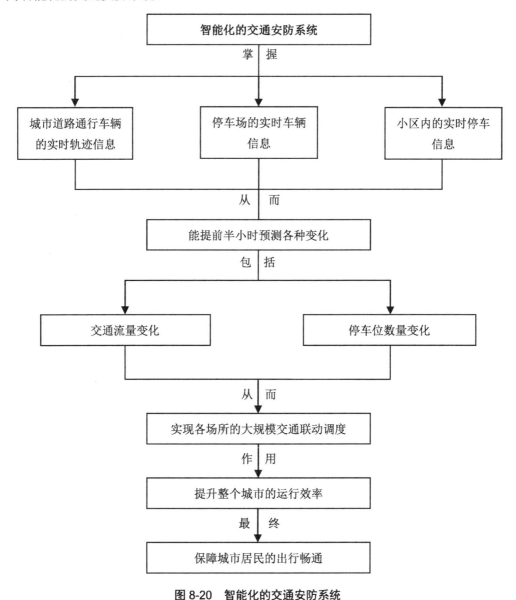

图 8-20　智能化的交通安防系统

## 8.3.4　工厂园区安防的智能化

随着机器人应用的普及，在众多行业和领域都可见到机器人的踪迹，安防领域就是其中之一。机器人在工厂园区的应用经历了两个阶段，即生产领域固定的操作性机器人和安防领域可移动的巡线机器人。如图 8-21 所示为可移动巡线机器人。

图 8-21　可移动巡线机器人

在工厂园区场所，监控摄像机无法完全实现全区域的"全网"覆盖，一些角落会成为被忽视区域，即使存在安全隐患也无法监测到。然而可移动巡线机器人的出现，却有效地弥补了这一缺憾，如图 8-22 所示。

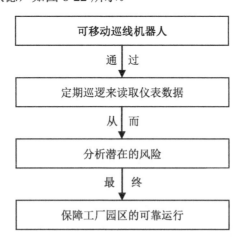

图 8-22　可移动巡线机器人的工厂园区安防应用

## 8.3.5  存在和有待解决的问题

在我国，安防领域的人工智能应用在取得一定的成就和有着可观前景的同时，也存在一些问题，具体内容如图 8-23 所示。

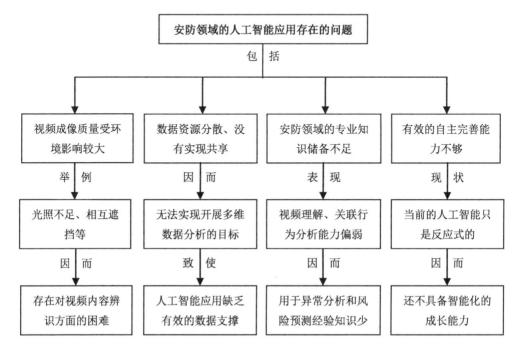

**图 8-23  安防领域的人工智能应用存在的问题分析**

# 8.4  社交领域

在微信、微博等社交平台上，人工智能技术有着比较成熟的应用，如统计机器学习、自然语言处理等。本节将针对社交领域的人工智能技术应用进行介绍，帮助读者深入透彻地了解"智能社交"所代表的含义。

## 8.4.1  社交网络与人工智能

社交网络和人工智能技术的结合涉及双方的多个领域，从人工智能技术方面来说，主要有机器人对话、语音识别、数据挖掘和机器视觉等。在此，以机器人对话和语音识别为例，具体介绍人工智能技术在社交网络中的应用。

### 1. 机器人对话

在社交网络，机器人的应用也是比较常见的，如微信的智能机器人小微，其技术已经布局在客服系统的多个功能上，如图 8-24 所示。

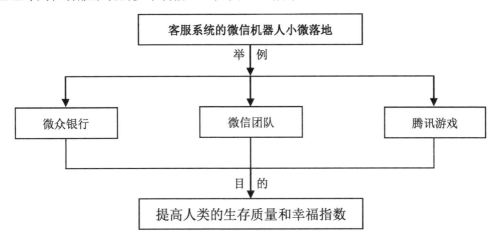

图 8-24　客服系统的微信机器人小微落地

在社交网络，人工智能机器人利用社交大数据的独特优势，连接人与服务、人与人，为用户提供情感化、个性化的对话交互场景，让用户可以切实感受到服务实体的存在。

### 2. 语音识别

语言是实现人与人连接的最主要方式，而语言的种类又多种多样。因此，在社交网络要想实现畅通连接，就必须解决语言问题。在微信社交网络，其语音识别的人工智能应用包括中、英两种语言。当数据和小语种语音学专家知识积累到一定程度时，就有可能使人工智能在社交网络上突破小语种的限制。

## 8.4.2　微软小冰和 QQ 厘米秀

微软(亚洲)互联网工程院与腾讯 QQ 双方合作——微软人工智能小冰带给了手机 QQ 厘米秀新的能力，即智能沟通的能力，它能支持微软小冰与 QQ 用户展开智能互动，如图 8-25 所示。

人工智能与社交网络的此次合作，建立在微软小冰与 QQ 厘米秀两者的优势基础之上，其结果即为人工智能在社交领域的智能化应用。如图 8-26 所示为微软小冰与 QQ 厘米秀合作的成果。

图 8-25　加入了微软小冰的 QQ 厘米秀智能互动

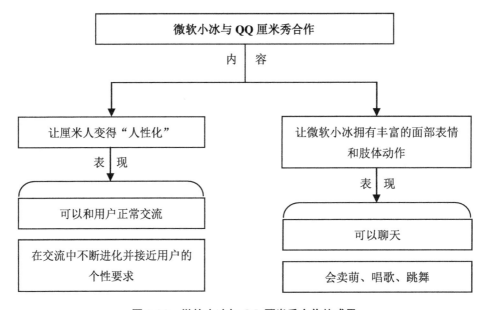

图 8-26　微软小冰与 QQ 厘米秀合作的成果

## 8.4.3　人工智能社交新产品的出现

随着智能手机的普遍应用，毋庸置疑，它已经成为人们最主要的生活应用平台之一。有人不禁要想：科技是在不断进步的，继智能手机之后又将出现怎样的生活应用平台呢？《连线》(Wired)杂志的创始主编凯文·凯利(KK)曾经预言，VR 就是下一个生活应用平台。

在人工智能技术的发展进程中，VR 无疑是其主要的技术研发方向。其实，不仅如此，VR 还有可能成为未来新的主流社交平台。如图 8-27 所示为 VR 时代的社交方式。

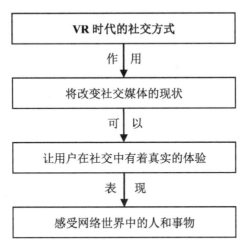

图 8-27　VR 到来的社交方式介绍

## 8.4.4 "看见"图片的盲人社交

在社交领域，图片分享已经成为社交媒体上主要的交流方式和功能应用，而且这一功能在 Facebook 尤其重要，它支撑着 Facebook 成为全世界用户最多的社交媒体平台。但是这一功能却不能为盲人和视觉障碍用户提供任何实际价值。

基于此，Facebook 开始利用人工智能技术解决这一问题。人工智能技术的应用主要表现在两个方面，具体内容如图 8-28 所示。

图 8-28　利用了人工智能的 Facebook 图片分享功能

另外，基于互联网图片并不是都有文字描述这一现状，Facebook 还开发了一个可以自动识别图像内容的软件，通过这一融入人工智能技术的软件，盲人和视觉障碍用户可以更流畅、有趣地使用互联网，更好地利用 Facebook 社交媒体的图片分享功能。

# 8.5　人工智能的热门领域：机器人

机器人一直是人工智能领域的一大热点，备受人们关注。特别是随着人工智能技术的应用拓展，机器人更是成为人们的热点话题之一。本节将就机器人这一热门领域，全面介绍其发展和应用情况。

## 8.5.1　我国机器人产业发展的缺陷

自从我国超过日本成为全球最大的工业机器人市场以来，就一直保持这一市场占有率不变。其中，形成了四大格局的机器人产业分布，如图 8-29 所示。

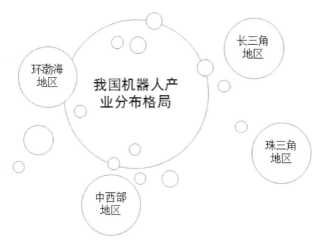

图 8-29　我国机器人产业分布的四大格局

尽管如此，国内的工业机器人市场还是存在着亟待改善的问题，并存在着机器人产业发展缺陷。这主要表现在国产机器人市场份额仅占我国工业机器人市场份额的8%，受到外资品牌的严重压制，需要采取适当的应对措施——对内进行整合，对外实现并购来抵御这种产业压制。

究其原因，造成这一发展缺陷的主要原因是我国本土投资的工业机器人生产存在3 个方面的问题，具体如下所述。

● 　产品生产核心技术弱。

- 研发到应用转化率低。
- 产业的资金运转困难。

## 8.5.2　各地区加紧机器人行业布局

在我国科学技术发展最集中的四大一线城市"北上广深"，机器人产业已经形成了极具特色的行业布局，具体如图 8-30 所示。

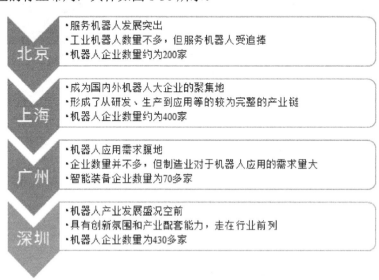

**图 8-30　"北上广深"的机器人行业布局**

## 8.5.3　工业机器人推进汽车制造业发展

工业机器人具有可持续生产和高效率等方面的优势，形成了在各个行业迅速扩张应用的发展现状，已经对工业机器人有了广泛应用的行业主要有汽车制造业、电子电气工业、橡胶及塑料工业、铸造行业、食品行业等。下面以汽车制造行业的工业机器人应用为例进行介绍。如图 8-31 所示为汽车制造业的机器人应用。

就工业机器人的应用现状来说，在我国应用于汽车制造行业的工业机器人占工业机器人总数量的 50%，在这些工业机器人中，有 50% 以上是用于焊接操作的。

对工业机器人推进汽车制造业发展而言，中国重型汽车集团有限公司(以下简称"中国重汽")很好地说明了这一问题。

更重要的是，中国重汽引入工业机器人进行新车间建设，对钢板送入冲压机的工序进行了改进，直接建成全自动冲压机，这是汽车生产过程中的一大进步，有着显著的成效，具体表现如图 8-32 所示。

图 8-31    汽车制造业的机器人应用

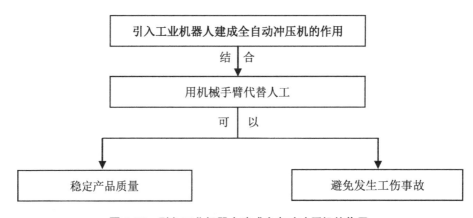

图 8-32    引入工业机器人建成全自动冲压机的作用

## 8.5.4    健康服务机器人走进养老院

健康服务机器人属于服务机器人的一种，其工作主要是监护。这也是一款适用于养老院、养老地产项目的服务机器人。如图 8-33 所示为健康服务机器人。

在现有的服务机器人应用中，这类用于养老院的健康服务机器人主要有 4 种功能，即陪伴娱乐、紧急报警、健康检测和健康咨询。

而随着人工智能技术的发展和应用拓展，未来的健康服务机器人将有望实现现场医疗、健康护理和生活助理等功能。

图 8-33 健康服务机器人

# 8.6 无人驾驶领域

无人驾驶领域也是人工智能应用比较热门的领域，已经经历了近百年的发展，相信无人驾驶最终将从最初在军事领域的应用，进入人们的生活中。本节将介绍无人驾驶领域与人工智能技术的关系和发展现状。

## 8.6.1 无人驾驶技术难点

无人驾驶技术作为一项新兴技术，在目前的法律和规章制度中，还没有合理的定位，在行驶道路的要求上也没有相关规定。这些都是无人驾驶技术所存在的应用和发展难点。此外，无人驾驶技术还存在怎样的问题呢？具体说来，一般包括 3 项技术问题，具体内容如下所述。

(1) 难点一：人工智能技术。

**表现**：就目前的机器智能而言，还无法达到人的智能对外物、环境"感知"和"反应"的水平。

(2) 难点二：传感系统技术。

**表现一**：存在传感器识别障碍这一主要问题。

**表现二**：GPS 的里程计、陀螺仪存在累积误差。

(3) 难点三：感知系统技术。

**表现一**：雷达对部分事物的反射率和穿透能力有限制。

**表现二**：摄像头产品化、小型化难度较大，且存在识别的实时性和鲁棒性难点。

## 8.6.2 谷歌无人驾驶

在无人驾驶领域，谷歌无疑走得比较远，其所推出的无人驾驶汽车已经可以无故障地行驶 48 万公里。如图 8-34 所示为谷歌无人驾驶汽车。

图 8-34 谷歌无人驾驶汽车

谷歌的无人驾驶技术之所以比其他企业发展得更好，究其原因，是因为谷歌掌握了推动无人驾驶发展的 3 大关键技术，具体如图 8-35 所示。

图 8-35 谷歌无人驾驶汽车的三大关键技术介绍

## 8.6.3 人工智能技术成为无人驾驶的"头脑"

在传统的汽车制造领域，由于缺少许多核心技术，从而使我国的汽车制造行业一直处于滞后发展状态，而人工智能技术的出现，为我国夺取在汽车制造领域的领导地位提供了契机。这是因为，在电动汽车和智能汽车时代，我国的人工智能技术实力有望助力汽车制造行业的发展。

互联网企业百度推出"百度大脑"，致力于在人工智能领域发展深度学习技术，其目的在于让机器人大脑可以无限接近人的大脑，并促进搜索质量的提高。

百度无人驾驶项目高管认为，利用掌握当地路况这一有利的地缘优势，在推出无人驾驶汽车方面，中国本地汽车产业明显更占优势。当然，在无人驾驶汽车研发、应用和发展的过程中，人工智能是发展自动驾驶技术的核心和关键技术之一。如图 8-36 所示为无人驾驶汽车的三大核心和关键技术。

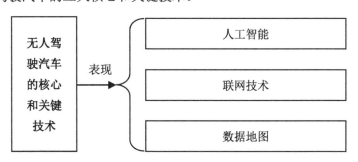

**图 8-36　无人驾驶汽车的三大核心和关键技术**

图 8-36 中的其他两项技术，在无人驾驶汽车行业中的应用需要人工智能技术作为支撑。如互联网技术在人工智能环境下将更加高效、便捷，实现搜索质量和搜索效率的提高。

因此，可以说人工智能技术将成为无人驾驶的"头脑"，引领无人驾驶技术向前发展，实现占有领先地位的目标。

## 8.6.4　人工智能为汽车发展导向

在人工智能时代，无人驾驶汽车将成为汽车领域从传统向未来发展的变革导向。一些高科技公司致力于人工智能产品的研发，而这些产品将助力在新时代环境下率先抢占人工智能高地，为未来的汽车发展提供重要支撑。例如，保千里发布的智能驾驶系列产品就是其中的佼佼者。

凭借着自身在计算机算法和大数据方面的优势，保千里推出的智能驾驶系列产品新增了众多功能，将多项智能技术应用到汽车电子中，是其将人工智能技术引入无人驾驶领域的成功尝试和应用发展。如图 8-37 所示是对保千里推出的智能驾驶系列产品的全面解读。

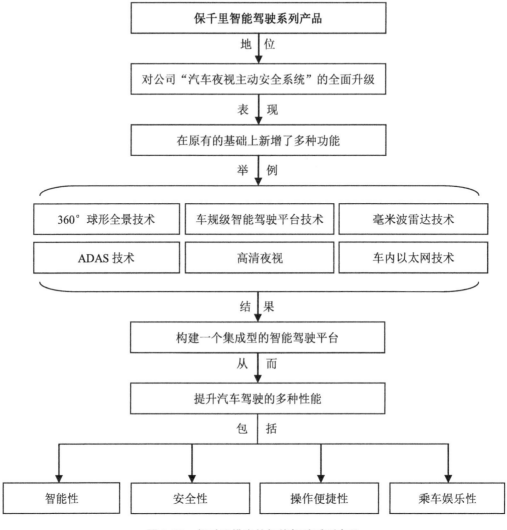

图 8-37　保千里推出的智能驾驶系列产品

　　正是基于众多高科技企业智能驾驶产品的出现，让汽车发展有了更宽、更广的拓展领域——成为移动互联的重要载体，向着全新的产业发展阶段前进。

# 8.7　其他领域

　　人工智能的应用除了上面几个领域有着广泛应用外，还在其他一些领域展现了其多彩的魅力，推进了人工智能时代的到来。

## 8.7.1 金融领域

人工智能技术之所以适用于金融领域，主要在于其应用的以下三大要素。

● 海量的数据。

● 处理数据的能力。

● 商业表现。

人工智能技术在金融领域的应用可从 3 个方面考虑，利用人工智能的人脸识别、虹膜识别等技术，可实现效率、质量和顾问方面能力的提升，具体如图 8-38 所示。

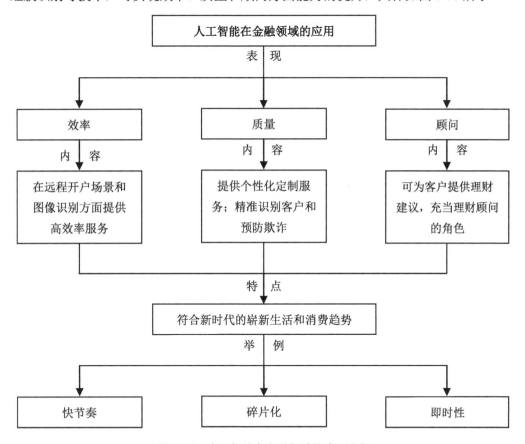

图 8-38 人工智能在金融领域的应用分析

## 8.7.2 百信银行：加速金融的智能化

百信银行是一家由百度公司与中信银行合作，采用独立法人运作模式的直销银行，如图 8-39 所示。

图 8-39　百信银行

百信银行的发展是建立在以百度的技术优势为基础，并在这些优势的支持下重点发展互联网金融，促进了金融的智能化发展，具体内容如图 8-40 所示。

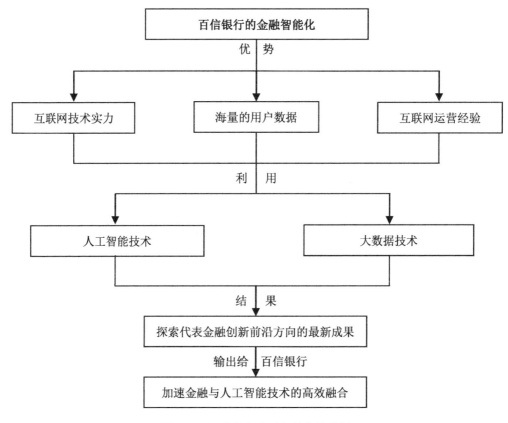

图 8-40　百信银行金融智能化的分析

## 8.7.3　法律预判

基于积累的大量论文、数据及模型，法律与人工智能技术的跨界发展已经渐成规模。就我国而言，也已经有了比较成功的人工智能解决方案，如图 8-41 所示。

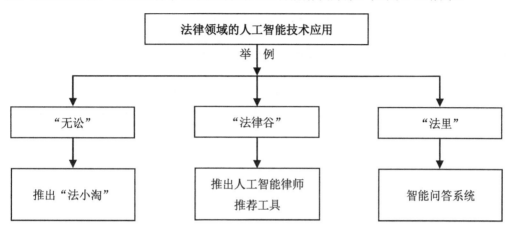

**图 8-41　法律领域的人工智能技术应用**

其实，在法律领域，人工智能技术的应用更多地体现在对案情的预判方面，重点推出案情预测系统——一款产品形态为机器人的插件，其应用涉及 4 个法律领域，如图 8-42 所示。

**图 8-42　案情预测系统的四大应用领域**

这款人工智能产品在法律预判方面的功能可从两个角度进行介绍，一是客户，一是律师，具体内容如下所述。

- **客户**：客户获取产品后可根据具体情况选择机器人的设定条件，当全部条件选择完成后，关于这一案情的大概预判结果也就有了。

- **律师**：律师通过产品可查看客户的咨询信息，尽快了解详细案情和掌握切入点，提高工作效率，从而尽可能地提升接单的可能性。

## 8.7.4　ROSS：世界上第一位人工智能律师

ROSS 是 IBM 公司的人工智能技术人员针对法律行业而推出的产品，它是世界上第一位人工智能律师，其目前的工作是帮助处理公司破产等事务。如图 8-43 所示为人工智能律师 ROSS。

图 8-43　人工智能律师 ROSS

人工智能律师 ROSS 在其技术优势的支持下，可以为法律行业的发展提供帮助，并在应用扩大的过程中继续提升其性能水平。具体来说，人工智能律师 ROSS 具有 4 个方面的功能，如图 8-44 所示。

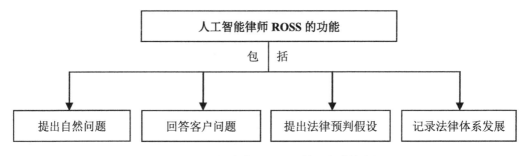

图 8-44　人工智能律师 ROSS 的四大功能介绍

## 8.7.5　零售领域

现如今，人工智能技术在零售领域的应用已经非常普及，比如无人便利店、无人超市、无人仓等。无人便利店是通过技术手段进行智能自动化处理，降低人工管理成本，优化商店经营流程。

无人便利店的特点是：24 小时营业，无人监控；自动感应开门，自主选购。把选购的物品放入自助收银台中，屏幕上会显示出商品的名称和价格，然后用支付宝或微信付款码对准商家的二维码扫描器扫码，即可完成支付。

完成购物后进入双层门之间的检测区，系统会自动检测、核对顾客购买的商品。即使顾客没有购买商品，系统在检测顾客没有携带商品后，也可以正常顺利地出去，而携带未付款的商品出门则会发出警报。

如图 8-45 所示为 24 小时全自助智能便利店。

**图 8-45　24 小时全自助智能便利店**

无人便利店的出现是人工智能技术在零售领域应用的表现，无人便利店既减少了人工干预，提高了运营效率，又优化了商品摆放位置，提高了消费者的购物体验，更重要的是安全性也很高。

## 8.7.6　餐饮服务领域

2020 年 1 月 12 日，Foodom 机器人中餐厅在广州珠江新城正式开业，这是碧桂园首家对外营业的机器人餐厅。到目前为止，已组建约 750 余人的研发运营团队，投入了 46 种不同功能的机器人，包括迎宾机器人、煎炸机器人、甜品机器人、汉堡机器人、调酒机器人、煲仔饭机器人以及地面送餐机器人等。

在中国餐饮行业里，机器人餐厅并不算是新鲜事物，但是像碧桂园的机器人中餐厅这样从中央厨房到冷链运输，再到店面餐饮机器人的全链条系统运营模式，在国内还是第一家。

如图 8-46 所示为 Foodom 机器人中餐厅的机器人正在工作。

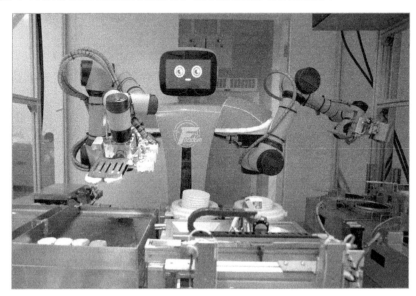

图 8-46    机器人中餐厅的机器人工作时的场景

Foodom 机器人中餐厅从点餐、菜品制作到支付等各个环节均由机器人完成下单、炒菜、上菜等一系列的工作，这样不仅能提高消费者的用户体验感，节省一大笔人员成本，还能解决人员流动带来的菜品不稳定的问题。

## 8.7.7    物流领域

京东在物流领域一直做得比较出色，所以京东加大了物流领域人工智能技术的研发和投入。近几年来，京东的智慧物流系统发展非常迅速，已形成无人仓、无人机和无人车 3 大支柱的智慧物流体系，引导物流行业全面升级。

2018 年 6 月 19 日，京东集团董事局主席兼执行官刘强东宣布，京东第一架重型无人机正式下线。11 月 15 日，中国民航西北管理局向京东颁发无人机经营许可证，这标志着中国的无人机商用在物流领域取得重大进展，也是京东智慧物流体系发展历程上的重要里程碑之一。

如图 8-47 所示为京东重型无人机正在运输包裹。

图 8-47　京东重型无人机

## 8.7.8　农业领域

在农业领域，已经有很多人工智能技术被运用于生产中，比如无人机喷洒农药、农作物实时监控、物料采购、数据收集等，通过运用人工智能技术，优化了农业现代化管理，减少了许多时间和人力成本，极大地提高了农作物的产量。

人工智能技术在农业领域的应用目前主要体现在以下几方面。

(1) 预测天气变化。

预测天气变化有利于获取最新的天气预报，减少因天气变化造成的农作物损失，获取的气象信息能帮助农民作出正确合理的决策，顺利地进行农业生产。下面就是借助田间气象站来进行天气跟踪的应用案例，如图 8-48 所示。

图 8-48　田间气象站

(2) 优化农艺管理。

利用大数据、人工智能等技术为农民提供农业问题的解决方案，可以协助其调整耕种计划或更换农作物，提高土地的土壤肥沃度和利用率，预测产量。通过人工智能技术对农田的各种数据和成像的预测和分析，建立正确有效的耕种模式，减少气候因素的影响，以提高农作物的预期产量。

(3) 室内农业管理。

室内农业近几年来发展迅速，已成为农业发展的新方向，室内农业具有很大的优势，比如用水量控制更加精准、土地面积利用率更高、化学肥料安全性更好。当然，室内农业的发展依然面临很多困难和挑战，所以，室内农业需要借助人工智能技术来实现自动化和智能化。

通过人工智能传感器采集物理数据，控制光线，调节水分，并监测每种农作物的生长状况，可以获得自动为其配置最合适的气候条件的效果。

(4) 喷洒机和采摘。

清除杂草是农业生产中的重要环节，然而过去传统农业严重依赖化学农药，结果造成大量的农药残留，不仅污染环境而且危害人类健康。通过人工智能图像识别技术，开发出能够分辨杂草的智能除草剂喷洒机器进行喷洒，这种方式相比过去传统的农药喷洒，既降低了成本又提高了效率，也强化了对环境和农作物的保护。

如图 8-49 所示为 AI 除草剂喷洒机。

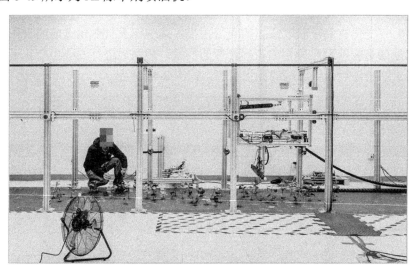

图 8-49　AI 除草剂喷洒机

另外，人工智能技术也应用于农作物的采摘环节。每到收获的季节需要大量的劳动力来进行农作物的采摘，但是在劳动力短缺，人口日益老龄化的今天，劳动力稀缺成为困扰农业种植者的问题之一。

　　而采摘机器人可以很好地解决这个问题，与人工相比，采摘机器人可以提高工作效率，减少农作物的损失，同时也减少人工成本，而且智能化程度高。

图 8-50　采摘机器人

　　(5)　减少食品浪费。

　　通过人工来检查食品的质量所耗费的时间比较长，而且检查也无法彻底，更重要的是这种检查方式往往会破坏食物的质量，导致大量的资源浪费和成本损失。但利用人工智能技术和高光谱成像技术可以从外部就能检测食品质量，避免了破坏食物的可能。这样既减少了不必要的浪费，又提高了食品的质量安全。

　　(6)　监控禽畜健康。

　　和种植业相比，畜牧业的个体经济价值更高，如果家禽或家畜受到疾病的影响，造成的损失是非常巨大的。而且在养殖的过程中，即便是经验非常丰富的饲养员也不能做到对每种动物的健康状况都一清二楚，但人工智能技术可以解决这个难题。

　　通过人工智能技术和配套的物联网设备来对数据进行收集和处理，这样可以直观地了解每种动物的健康状况及信息，正确诊断牲畜所患的疾病，以便进行有效的治疗，避免可能造成的损失。

　　未来，人工智能技术在农业领域的应用范围将会不断扩大，并且会越来越先进成熟。推动农业领域人工智能技术发展的因素主要有 4 个，具体内容如下所述。

- 人口的增长使得人们对农业生产的需求不断提高。
- 在农业生产过程中，先进技术和设备越来越普及。
- 通过人工智能技术深度学习技术来提高农作物的产量。
- 世界各国不断加大对现代化农业的发展的支持力度。

# 第 9 章

## 其他方面，应用探索

除了前面一章所讲的热门领域之外，人工智能技术在其他一些领域也开始有了一定的起步和发展。本章就来讲述人工智能在人类生活、教育行业、企业管理以及 5G 技术领域的探索和影响。

学前提示

- 人工智能技术对人类生活的渗透
- 人工智能技术在教育行业的探索
- 人工智能技术对企业管理的作用
- 人工智能技术与 5G 技术的结合

要点展示

# 9.1 人工智能技术对人类生活的渗透

随着经济的发展和科学技术的进步，人们的生活水平在不断地提高，人工智能技术也逐渐进入人类的生活之中。如今，人工智能技术在人们生活中应用已经越来越多，给人们的生活带来了极大的便利。下面，笔者就从这几个方面来聊聊人工智能技术在人类生活中的渗透和体现。

## 9.1.1 人工智能技术实现居家养老

随着中国人口老龄化的加剧，养老问题已经成为中国社会不可忽视的一个民生问题。现如今，我国最普遍的一种养老服务模式是居家养老。由于现存的居家养老模式不能满足老年人在健康、安全、情感等方面的需求，因此，随着科技的进步，发展智慧养老是养老服务行业未来的一个新的方向。

根据工业和信息化部、民政部、国家卫生计生委制定的《智慧健康养老产业发展行动计划(2017—2020 年)》发展目标，到 2020 年，基本形成覆盖全生命周期的智慧健康养老产业体系，打造一批智慧健康养老服务品牌。健康管理、居家养老等智慧健康养老服务基本普及，智慧健康养老服务质量效率显著提升。

人工智能在家居养老领域的应用，最典型的例子莫过于杭州市社会福利中心引进智能养老机器人了。它标志着"机器人养老"已从概念变为现实，这也是杭州市引进的首批智能养老机器人。

这批机器人名叫"阿铁"，身高 0.8 米，体重 15 公斤，充满电后可使用 72 小时。它具有智能看护、亲情互动、远程医疗、数据监测等智慧养老服务功能，还可以实现老人和子女之间的视频通话，如图 9-1 所示。

图 9-1 老人通"阿铁"与子女视频通话

杭州市福利中心引进智能养老机器人旨在实现一键式、一站式的智能化养老服务，它能够减轻福利中心的管理压力和人力成本，有利于护理服务更加精细化，提升养老服务的质量。

智能养老机器人的成功试点能促进智慧健康养老产业的发展，有望将它推广到更多养老机构和居家养老服务中心，它是人工智能实现家居养老的雏形，随着人工智能技术的发展，智慧养老服务最终将会全面实现。

## 9.1.2 人工智能技术帮助人们管理家务

人工智能技术在人类生活中的渗透除了能实现居家养老之外，还能够帮助人们管理家务。近几年来，随着智能家居的发展，人工智能产品已经开始帮助人类完成家务劳动，比如米家扫拖机器人 1C，如图 9-2 所示。

图 9-2  米家扫拖机器人 1C

当然，这样的机器人也只能代替我们打扫卫生和清洁垃圾，还无法帮助我们进行其他更多的家务劳动，管理家庭事务。然而，人们对人工智能机器人的要求不止于此，在一些影视作品中，已经出现了人工智能机器人管家，比如某电影中登场的虚拟人物——机器人管家傻强。

在该影片中，机器人管家"傻强"可谓是个全能型的人工智能机器人，它具有斟茶、按摩、洗衣服、喷火和变形等技能，会说四川和潮州两种方言，尤其是那句"老板，喝茶还是喝咖啡？"的口头禅更是成为许多观众的笑点。影片通过"傻强"这个机器人管家向人们展示了人工智能技术的发展，也表达了对人工智能机器人管家走进大众生活的向往。

如图 9-3 所示为影片中机器人管家"傻强"的形象。

图 9-3　机器人管家"傻强"

　　虽然，目前的人工智能技术还无法做到像上述影片中的机器人管家那样那么智能，功能那么强大；但是，在现实生活中已经研发出了能够帮助人们管理家庭事务的智能机器人，比如科沃斯智能管家机器人 UNIBOT，如图 9-4 所示。

图 9-4　科沃斯智能管家机器人 UNIBOT

　　UNIBOT 智能管家机器人具有以下 5 大功能，具体内容如下所述。

　　(1) 自主巡逻。可以根据需要自由设定巡视路线、预约巡视时间，它能根据设定自主启动巡逻程序，及时拍照记录特殊情况并上传。

　　(2) 语音提醒。当不在家时，如果不放心老人和孩子，可以自行设置提醒时间和预约提醒时间，如提醒孩子做作业等。它会在设定的时间进行语音提醒。

　　(3) 规划清洁。可按照需求选择清扫区域或屏蔽非清扫区域，先建图后清扫，可以在 App 上查看清扫进度。

（4）家庭安防。采用国外先进技术的智能报警外设，能实时监控家中异常情况，无延迟推送报警信息，自动传回报警地点的现场照片和视频。

（5）家电遥控。可以通过 App 随心远程控制家电，轻松便捷，尽情享受科技带来的智能乐趣。不过，目前只开放空调遥控功能。

# 9.2 人工智能技术在教育行业的探索

教育是世界各个国家都非常重视的行业和领域，教育是否先进和完善决定着一个国家的未来。所以，在社会高速发展的今天，国家不断加大科技在教育领域的投入，力图教育强国，而人工智能技术也开始了在教育领域的探索。

## 9.2.1 人工智能技术在教育领域的应用

### 1. 拍照搜题

近几年来，随着移动互联网和在线教育的发展，市场上出现了许多帮助学生解答题目的搜题软件，比如小猿搜题、作业帮、学霸君、阿凡题搜题等。它们通过图像识别和深入学习等人工智能技术来分析用户所拍摄的题目，然后将题目照片上传到云端，从而获取题目的正确答案和详细的解题思路。

如图 9-5 所示为小猿搜题的软件首页；图 9-6 所示为作业帮的软件首页。

图 9-5 小猿搜题首页

图 9-6 作业帮首页

这些软件不仅能够识别印刷的题目，也可以识别手写的题目。通过这种拍照搜题的方法，可以大大提高学习的效率，培养学生自主学习的能力。

### 2．早教机器人

早期教育简称早教，广义上指的是人从出生到小学以前阶段的教育；狭义上主要指上述阶段的早期学习。现如今，越来越多的年轻父母意识到早教对孩子的重要性，希望自己的孩子赢在起跑线上，所以促进了早期教育的兴起和发展。为了迎合这一趋势，许多科技公司利用人工智能技术研发出了早教智能机器人，并取得了良好的市场效果。

如图 9-7 所示为智能早教机器人。

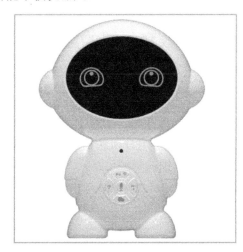

**图 9-7　智能早教机器人**

早教机器人可以给孩子营造有趣味的学习环境，提高孩子们的学习兴趣，不但可以培养孩子的智力，还可以陪伴孩子玩耍，实现寓教于乐。

### 3．口语评测

人工智能在教育领域的应用除了拍照搜题和早教机器人之外，还有口语评测。口语评测是一种语音评测技术，利用人工智能语音识别技术对口语进行自动化打分和语法检测。与传统的人工评测相比，语音评测不仅能提高评测的客观性和公正性，还能降低人力、物力成本。

目前，互联网上的口语评测平台有很多，驰声便是其中之一。驰声是国内知名中英文语音评测技术供应商，面向儿童、成人、学生提供发音纠错、人工智能发音打分、AI 口语训练等技术。

如图 9-8 所示为驰声科技官网首页。

图 9-8　驰声官网

## 9.2.2　人工智能技术对教育行业的影响

随着人工智能技术的发展，其在教育领域的应用会越来越深入广泛。在未来，人工智能定会引起教育模式、教学方式、评价方式等一系列的变革，促进教育公平，提高教育质量和现代化程度。

那么，人工智能将会对教育行业产生哪些影响呢？笔者认为，主要会有以下几个方面，具体内容如下所述。

(1) 人工智能技术将会改变国家、社会对人才培养的模式。

(2) 人工智能技术将会促使教学环境发生改变，比如场景式教育。

(3) 人工智能技术将会改变学生的学习方式；丰富教学内容。

(4) 人工智能技术将会改变教学评价的方式，提升教育水平。

(5) 人工智能技术可能会改变教师的工作内容，重新定义教师职业，赋予教师角色新的时代内涵。

(6) 人工智能技术将真正实现个性化教学，做到因材施教，充分发挥学生潜力。

目前，人工智能技术在教育领域中的应用和探索还处在起步阶段，还存在诸多问题和挑战。因此，应该在教育领域加大对人工智能技术的研发和投入，利用人工智能技术推动教育事业的进步，加快我国教育现代化的进程。

## 9.3　人工智能技术对企业管理的作用

除了生活和教育方面，人工智能技术在企业管理方面也发挥着一定的作用。下面，我们一起来了解一下人工智能技术与企业管理方面的相关内容。

### 9.3.1 降低绩效管理成本

绩效考核在企业管理中是一个非常重要的环节，传统的绩效考核管理方法虽然行之有效，但却要耗费大量的人力成本。而且，由于整个绩效管理过程都是由人工来完成，因而不可避免地影响到考核结果的客观性和公正性。

人工智能技术的发展为企业的绩效考核管理提供了新的技术和方法，例如指纹考勤打卡、人脸识别打卡、智能打卡机器人、软件打卡等。通过人工智能技术能够避免人为因素的干扰，使企业绩效考核更加客观、公正，提高绩效管理的效率。

在一些大企业中，已经有利用智能打卡机器人来进行通勤打卡、绩效考核的应用案例了。通过摄像头扫描人脸信息，并与企业系统储存的员工信息和数据进行对比，识别完身份后，会在机器屏幕上显示员工的信息，如名字和工号。不仅如此，它还会对该员工进行语音问候，比如"某某，早上好""下班了，您辛苦了"。这样不仅显得非常人性化，而且降低了人工成本。

### 9.3.2 降低企业生产成本

降低生产成本是企业增加利润的手段之一，因为人工智能机器设备可以取代人工从事那些简单重复性的流水线作业，所以就可以直接降低员工雇佣成本。这样还能避免员工因个人因素而导致的工作失误，影响企业生产，提高生产效率。基于这些好处，各大企业生产厂家都在大力引进人工智能生产设备，推行自动化生产。

如图 9-9 所示为自动化生产车间。

图 9-9　自动化生产车间

## 9.3.3　降低企业人工成本

在互联网企业，通过人工智能技术开发出人工智能客服，可以实现 24 小时在线服务，节约人工客服成本。人工智能客服能够根据用户的问题自动为其匹配生成最佳的答案，解答用户疑惑，如图 9-10 所示。

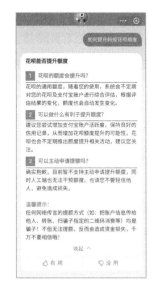

**图 9-10　人工智能客服**

除了人工智能客服以外，无人仓也是企业利用人工智能技术，降低人工成本又一新的举措，例如京东的无人仓，如图 9-11 所示。2018 年 5 月，京东首次公布了无人仓建设的世界级标准。通过无人仓中的智能控制系统可使无人仓的仓储运营效率达到传统仓库的 10 倍，实现作业无人化、运营数字化、决策智能化的目标。

**图 9-11　京东无人仓**

# 9.4　人工智能技术与 5G 技术的结合

　　5G 是指第五代移动通信技术，是最新的蜂窝移动通信技术，也是 4G 网络的发展和延伸。2019 年 10 月 31 日，国内三大运营商公布了 5G 商用套餐的资费标准，并于 1 月 11 日正式上线。

　　人工智能技术和 5G 技术是相辅相成的关系，5G 网络可以为人工智能技术的发展提供支撑和运作基础，而人工智能技术可以完善 5G 通信的功能，使其更加智能化。5G 技术是万物互联的基础，人工智能技术是实现万物智能的工具。两者的深度结合和相互促进改变了人们的生产和生活方式。

　　那么，5G＋AI 能促进哪些技术领域的发展呢？下面，笔者就举几个例子来进行介绍说明。

## 9.4.1　虚拟现实

　　虚拟现实简称 VR(Virtual Reality)，又称灵境技术。虚拟现实技术的本质是一种人机交互的方式，它是连接人和互联网之间的桥梁。5G 技术能够降低虚拟现实的时延，满足虚拟现实对高清画质的要求，给用户提供更加真实的用户体验感。具体来说，虚拟现实技术主要有以下这些应用场景。

### 1. 休闲娱乐

　　虚拟现实头盔可运用在玩游戏、看电影等娱乐方面，还可以应用在模拟训练、虚拟驾驶等方面。如图 9-12 所示为虚拟现实头盔。

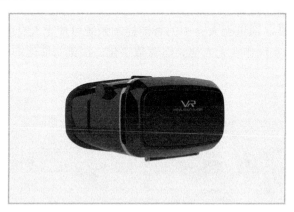

图 9-12　虚拟现实头盔

### 2. 虚拟旅游

5G 网络能快速传输 VR 高清全景视频，提供沉浸式场景体验，使用户不需要出门就能欣赏到旅游景点的景色，可以解决旅游出行不便的问题，还可以通过虚拟旅游选择喜欢的旅游景点。

### 3. 虚拟体感购物

依靠 5G 网络速度快、延迟低的优势和特点，用户可以享受到快捷方便的购物和试穿体验，如图 9-13 所示。

图 9-13　虚拟体感购物

## 9.4.2　智能停车

通过 5G 通信技术，能够传播和分享具体的停车信息，有效地扩容停车管理设备，丰富智能停车云平台的功能，实现城市停车位的高效管理，有利于解决停车难和车位不足的问题。如图 9-14 所示为智能停车场。

图 9-14　智能停车场

### 9.4.3　智能工厂

在 5G+AI 的支持下，可以快速提高工厂的智能化发展水平。5G 网络不仅能够保证智能生产设备网络连接的稳定性，还能通过和智能设备的连接了解工厂实际的生产情况。利用人工智能技术，可以实现工厂智能化办公，进而提高工厂的管理效率。如图 9-15 所示为华为智能工厂。

图 9-15　华为智能工厂

### 9.4.4　智慧城市

除了虚拟现实、智能停车和智能工厂以外，在 5G 时代，智慧城市会得到更加快速的发展。笔者在第 2 章提到过阿里巴巴的"城市大脑 2.0"，就是智慧城市发展的成果，而 AI 是支撑智慧城市发展的核心技术，如图 9-16 所示。

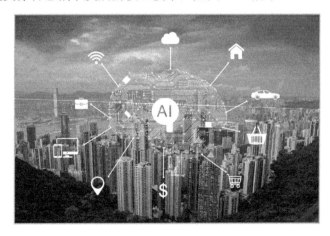

图 9-16　AI 是智慧城市发展的核心技术

# 第 10 章

## 智能家居，与时俱进

学前
提示

曾几何时，智能家居只是一个人们想象中遥不可及的概念，但是随着科技的发展和人们生活水平的提高，智能家居也随之快速发展起来，并逐渐渗透到人们的生活中。本章将介绍智能家居的具体发展情况并列举具体的应用案例。

要点
展示

- 智能家居已成为国内外企业新的竞争热点
- 各大企业纷纷进军智能家居领域
- 智能家居随处可见
- 具体案例分析

# 10.1 国内外智能家居现状

国外智能家居经过二十多年的发展，早已进入发达阶段。硅谷富裕家庭的日常生活已经变成智能家居全覆盖的便捷生活。而国内智能家居的发展主要从 2014 年开始，经过一段时间的沉淀后，有一些智能家居单品进入普通人的生活当中。

## 10.1.1 国外智能家居现状

自从世界上第一幢智能建筑于 1984 年在美国出现后，美国、加拿大、欧洲、澳大利亚等经济比较发达的国家和地区先后制定了各种智能家居的方案。美国和一些欧洲国家在这方面的研究一直处于世界领先地位，日本、韩国、新加坡也紧随其后。

### 1. 国外智能家居系统研发概况

在智能家居系统研发方面，美国一直处于世界领先地位。近年来，以美国微软公司及摩托罗拉公司为首的一批全球知名企业，先后进入智能家居的研发中，例如，微软公司开发的"未来之家"、摩托罗拉公司开发的"居所之门"、IBM 公司开发的"家庭主任"均已成熟。如图 10-1 所示为微软"未来之家"。

图 10-1 微软"未来之家"

新加坡模式的家庭智能化系统包括三表抄送功能、安防报警功能、可视对讲功能、监控中心功能、家电控制功能、有线电视接入功能、住户信息留言功能、家庭智能控制面板、智能布线箱、宽带网接入和系统软件配置等功能。

　　日本除了实现室内的家用电器自动化联网之外，还通过生物认证实现了自动门识别系统。用户只要站在入口的摄像机前，自动门就会进行自动识别，如果确认是住户，大门就会自动打开，不再需要用户拿钥匙开门。除此之外，日本还研发出了智能便器垫，当人坐在便器上时，安装在便器垫内的血压计和血糖监测装置就会自动检测其血压和血糖，如图 10-2 所示。同时洗手池前装有体重仪，当人在洗手的时候，就能顺便测量体重，检测结果会被保存在系统中。

图 10-2　智能便器垫

　　澳大利亚智能家居的特点是让房屋做到百分之百的自动化，而且不会看到任何手动开关，如一个用于推门的按钮，通过在内部安装一个模拟手指来实现自动激活。泳池与浴室的供水系统相通，通过系统能够实现自动加水或排水功能。下雨天，花园的自动灌溉系统会停止工作等。不仅如此，大多数监控视频设备都隐藏在房间的护壁板中，只有一处安装了等离子屏幕进行观察。在安防领域，澳大利亚智能家居也做得非常好，保安系统中的传感数量众多，即使飞过一只小虫，系统也可以探测出来。

　　西班牙的住宅楼外观大多是典型的欧洲传统风格，但其内部的智能化设计却与众不同。比如当室内自然光线充足的时候，感应灯就会自动熄灭，减少能源消耗。屋顶上安装天气感应器，能够随时测得气候、温度的数据。当雨天来临时，灌溉系统就会自动关闭，而当太阳光很强烈的时候，房间和院子里的遮阳棚会自动开启。地板上分布着自动除尘器，只需要轻轻遥控，除尘器就会瞬间将地板上的所有垃圾和灰尘清除。可以说，西班牙的智能家居系统充满了艺术气息。

韩国电信这样形容他们的智能家居系统：用户能在任何时间、任何地点操作家里的任何用具，同时还能获得任何服务。比如，客厅里的影音设备，用户可以按要求将电视节目录制到硬盘上。同时电视机、个人电脑上都会有电视节目指南，录制好的节目可以在电视或个人电脑上随时播放欣赏。各种智能设备都可以成为智能家电的控制中心，例如智能冰箱不仅能够提供美味的食谱，还可以上网、看电视。卧室里装有家庭保健检查系统，可以监控病人的脉搏、体温、呼吸频率等症状，以便医生及时提供保健服务。韩国还有一种叫作 Nespot 的家庭安全系统，无论用户在家还是在外，都可以通过微型监控摄像头、传感器、探测器等，实时了解家中的状况。同时用户还能远程遥控照明开关，营造出一种有人在家的氛围。当远程发现紧急情况时，用户还可以呼叫急救中心。

### 2. 国外智能家居推出自有业务

　　国外的运营商经过资源整合后，就会产生自有业务，推出自己的业务平台、智能设备以及智能家居系统。目前德国电信、韩国三星、德国海洛家电等企业已经构建了智能家居业务平台，有些公司例如 Verizon 则推出了自己的智能化产品，还有的公司通过把智能家居系统打造成一个中枢设备接口，整合各项服务来实现远程控制。国外智能家居自有业务主要有以下几个代表。

　　(1) 智能家庭业务平台：Qivicon。德国电信联合德国公用事业、德国易昂电力集团(Eon)、德国 eQ-3 电子、德国梅洛家电、韩国三星、Tado(德国智能恒温器创业公司)、欧蒙特智能家电(Urmet)等公司共同构建了一个智能家庭业务平台"Qivicon"。它主要提供后端解决方案，包括向用户提供智能家庭终端、向企业提供应用集成软件开发、维护平台等。

　　目前，Qivicon 平台的服务已覆盖了家庭宽带、娱乐、消费和各类电子电器应用等多个领域。据德国信息、通信及媒体市场研究机构报告显示，目前德国智能家居的年营业额已达到 200 亿欧元，每年在以两位数的速度增长，而且智能家居至少能节省20%的能源。Qivicon 平台的服务一方面有利于德国电信捆绑用户，另一方面提升了合作企业的运行效率。

　　德国联邦交通、建设与城市发展部专家雷·奈勒(Ray Naylor)说："在 2050 年前，德国将全面实施智能家居计划，将有越来越多的家庭拥有智能小家。"良好的市场环境，为德国电信开拓市场提供有利条件。

　　(2) Verzion 提供多样化服务。Verzion 通过提供多样化服务捆绑用户，打包销售智能设备。Verizon 公司更是推出了自己的智能家居系统。该系统专注于安全防护、远程家庭监控及能源使用管理，可以通过电脑，手机等调节家庭温度、远程可视对讲开门、远程查看家里情况、激活摄像头实现远程监控、远程锁定或解锁车门、远程开启或关闭电灯和电器等，如图 10-3 所示。

**图 10-3　Verizon 智能家居系统**

(3) AT&T 收购关联企业。在智能家居领域，AT&T 公司收购了 Xanboo，Xanboo 是一家家庭自动化创业公司。AT&T 联合思科、高通两家公司推出了全数字无线家庭网络监视业务，消费者可以通过手机、平板电脑或 PC(台式电脑和笔记本)来实现远程监视和控制家居设备。AT&T 更是以 671 亿美元收购了美国卫星电视服务运营商 DirecTV，加速了在互联网电视服务领域的布局。

AT&T 的发展策略是将智能家居系统打造成一个中枢设备接口，既独立于各项服务之外，又可以整合这些服务。

**3. 国外终端企业平台化运作**

目前国际市场上已出现了完全基于 TCP/IP 的家居智能终端。这些智能终端完全实现了原来多个独立系统完成功能的集成，并在此基础上增加了一些新的功能。而开发这些智能终端的企业就被称为终端企业，在终端企业中，苹果 iOS 和三星属于翘首。它们在智能终端领域开疆扩土，让更多的企业普及应用和深入参与业务成为可能。而智能终端作为移动应用的主要载体，数量的增长和性能的提高让移动应用发挥更广泛的功能成为可能。发挥产品优势，力推平台化运作的终端企业主要有以下几个代表。

(1) 苹果 iOS 操作系统。苹果通过与智能家居设备厂商的合作，实现智能家居产品平台化运作。作为苹果的智能家居平台，Home Kit 平台是 iOS8 的一部分。用户可以用 Siri 语音功能控制和管理家中的智能门锁、恒温器、烟雾探测器等设备，如图 10-4 所示。

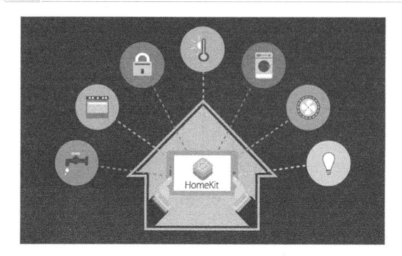

图 10-4　Home Kit 平台控制家中设备

不过，苹果公司没有智能家居硬件，所有硬件都是第三方合作公司提供的。这些厂商在 iOS 操作系统上可以互动协作，各自的家居硬件之间可以直接对接。同时，Home Kit 平台会开放数据接口给开发者，有利于智能家居的创新。

(2) 三星 Smart Home 智能家居平台。三星集团推出了 Smart Home 智能家居平台，如图 10-5 所示。利用三星 Smart Home 智能家居平台，智能手机、平板电脑、智能手表、智能电视等可以通过网络与家中智能家居设备相连接，并控制智能家居。

但是，目前三星构建的 Smart Home 智能家居平台还处于较低水平。而且三星构建 Smart Home 智能家居平台，主要还是为了推广自家的家电产品。

图 10-5　三星 Smart Home 智能家居平台

## 10.1.2　国内智能家居现状

随着智能家居概念的普及、技术的发展和资本的涌进，国内家电厂商、互联网公司也纷纷登陆智能家居领域。智能家居作为一个新生产业，处于一个导入期与成长期的临界点，市场消费观念还未形成。但正因为如此，国内优秀的智能家居生产企业愈来愈重视对行业市场的研究，特别是对企业发展环境和客户需求趋势变化的深入研究。一大批国内优秀的智能家居品牌迅速崛起，逐渐成为智能家居产业中的翘楚。但现阶段，国内智能家居的认知度还不高，主要购买人群集中在大城市和高收入高学历人群，没有形成广泛认知。

### 1．国内发展历程概况

智能家居至今在中国已经历了十几年的发展，从人们最初的梦想到今天真实地走进我们的生活，经历了一个艰难的过程。智能家居在中国的发展经历了以下几个阶段，具体内容如下所述。

(1) 萌芽期(1994—1999 年)。

智能家居在中国发展的第一个阶段是萌芽期。当时整个行业处在熟悉概念、认知产品的状态中，还没有出现专业的智能家居生产厂商，只是深圳有一两家美国 X-10 智能家居产品代理销售的公司从事进口零售业务，产品也是大多销售给居住在国内的欧美用户。

(2) 开创期(2000—2005 年)。

智能家居发展的第二个阶段是开创期。当时国内先后成立了五十多家智能家居研发生产企业，主要集中在深圳、上海、天津、北京、杭州、厦门等地。智能家居的市场营销、技术培训体系逐渐完善起来，但由于这一阶段智能家居企业的野蛮成长和恶性竞争，给智能家居行业带来了极大的负面影响。因此行业用户、媒体开始质疑智能家居的实际效果，由原来的鼓吹变得谨慎，市场销售也出现了增长减缓甚至部分区域出现了销售额下降的现象

(3) 徘徊期(2006—2010 年)。

到了徘徊期，国外的智能家居品牌暗中布局进入了中国市场，如罗格朗、霍尼韦尔、施耐德、Control4 等。国内部分存活下来的企业也逐渐找到自己的发展方向，例如天津瑞朗、青岛爱尔豪斯、海尔、科道等。

(4) 融合演变期(2011—2020 年)。

进入 2011 年以来，市场明显看到了增长的势头，说明智能家居行业进入了一个拐点，由徘徊期进入了新一轮的融合演变。接下来的 3 到 5 年，智能家居一方面进入一个相对快速的发展阶段，另一方面协议与技术标准开始主动互通和融合，行业并购现象开始出现并渐渐成为主流。智能家居在经历了 7 年发展后，至 2018 年呈现出

领先企业互相竞争的格局，主要是互联网企业小米、腾讯、阿里巴巴、百度、京东等与传统家电企业海尔、格力、美的等的竞争。

### 2. 演变期下的发展布局

虽然智能家居发展趋势已不可逆转，但从发展角度来说，国内运营商智能家居相较于国外运营商来说，发展布局依然略显迟缓。

(1) 仍是初级阶段。目前，中国移动推出了灵犀语音助手 3.1，可以用语音实现对智能家居的操控，以语言识别切入智能家居，如图 10-6 所示。中国电信也推出了智能家居产品"悦 me"，可以为用户提供家庭信息化服务综合解决方案，如图 10-7 所示。

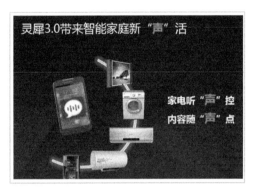

图 10-6　灵犀语音助手 3.0　　　　图 10-7　"悦 me"

(2) 平台化模式还不成熟。中国移动推出了"和家庭"，"和家庭"是面向家庭客户提供视频娱乐、智能家居、健康、教育等一系列产品服务的平台。而"魔百盒"是打造"和家庭"智能家居解决方案的核心设备和一站式服务的入口。不过，现阶段"和家庭"仅重点推广互联网电视应用，至于"和家庭"的一站式服务，还只是未来的方向和目标。

中国电信已经宣布，与电视机厂家、芯片厂家、终端厂家、渠道商和应用提供商等共同发起成立智能家居产业联盟，但智能家居的控制平台何时落地还尚不可知。

### 3. 国内企业纷纷推出优势产品

国内的互联网企业纷纷依托自身的核心优势推出相关智能家居产品，规划智能家居市场。

(1) 阿里巴巴依靠自有操作系统。在中国移动全球合作伙伴大会上，阿里巴巴集团的智能客厅亮相展会。阿里巴巴的智能客厅是由阿里巴巴的自有操作系统阿里云OS(YunOS)联合各大智能家居厂商，共同打造的智能家居环境，内容包括阿里云智能电视、天猫魔盒、智能空调、智能热水器等众多智能家居设备。

阿里在智能家居领域与海尔联合推出了海尔阿里电视，主打电视购物的概念，如图 10-8 所示。海尔与阿里本次合作的成果是在互联网思维下对家居生态圈的战略布局。此外，国美也加入进来，其 1000 多家超级连锁店将为用户线下体验新品提供最佳场所，以共同推进最大 O2O 战略联盟落地。

图 10-8　海尔阿里电视

目前，国内家电行业规格最高的大型综合性展会——中国家电博览会召开之后，阿里宣布成立阿里巴巴智能生活事业部，全面进军智能生活领域，将集团旗下的天猫电器城、阿里智能云、淘宝众筹 3 个业务部门进行整合，在内部调动各类资源，全面支持智能产品的推进，加速智能硬件孵化的速度，力争提高国内市场竞争力。

其中，智能云负责为厂商提供有关技术和云端服务；天猫电器城主要为知名大厂家提供规模化的市场销售渠道；而淘宝众筹主要是为中小厂商甚至创业者提供个性化的市场销售渠道。阿里巴巴智能生活事业部将电商销售资源、云端数据服务和内容平台进行集成，旨在打造全产业链。

阿里巴巴更是设立了 IoT 合作伙伴计划联盟(IoT Connectivity Alliance)，简称 ICA 标准联盟，如图 10-9 所示。阿里巴巴希望借此实现快捷链接、快速复制，实现物联网行业标准与物联网产品紧密结合，推动物联网行业规模化。阿里巴巴推出主打智能家居的产品——天猫精灵，意图进入智能音箱市场，把天猫精灵打造成智能家居控制中心。

图 10-9　ICA 标准联盟

(2) 腾讯提供底层技术支持。腾讯依托腾讯云给各大智能家居厂商提供物联网通信底层技术支持，如图 10-10 所示。腾讯能够帮助厂商便捷实现设备与网络之间的数据通信，并进一步提供海量数据的存储、计算以及智能分析服务。

图 10-10　腾讯物联网通讯技术

在 2018 年，腾讯也推出了自己的智能音箱——腾讯听听，内置 6 个麦克风和 2500mAh 的电池，十分便于携带。

(3) 百度搭建开放平台。百度制订了天工合作伙伴计划，从连接、识别、储存、计算和安全等方面全方位地提供开放平台支持，能够建立各类智能物联网应用，从而促进行业变革。而且，百度的天工合作伙伴计划包括百度智能家居开放平台——度家，涵盖了多种智能家居设备，可以为用户提供智能家居设备的互联互通，如图 10-11 所示。

图 10-11　百度度家

# 10.2　企业涌入智能家居领域

企业天生就是逐利的，在当前这个消费升级又降级的环境下，企业只有生产出性价比高的智能家居产品，才能被消费者们所喜爱。收购、投资等手段，都是各大企业进入智能家居领域、快速生产智能家居产品的一大方式。

## 10.2.1　国内企业的智能家居投资布局

智能家居的概念虽然早就出现在人们的视野当中，但真正进入人们的生活却是近几年的事情。一方面是因为人工智能、自动化、人机交互、大数据、无线连接等科学技术的不断发展，另一方面则是因为大笔资金涌入智能家居领域，使智能家居产品的单价下降。目前，很多智能家居产品的价格已经降至百元以下，十分亲民。

各大国内企业在智能家居领域纷纷投资上下游厂商企业，以求在智能家居领域保持市场领先地位。

### 1．小米

小米在 2018 年的 AIoT 开发者大会上宣布，将成立"小米 AIoT 开发者基金"，投入 1 亿元人民币，用于投资智能家居人工智能的开发者、相关硬件厂商和技术公司。而且，小米与宜家达成了全球战略合作协议，宜家的产品将会全线进入小米的智能家居平台。

现阶段，小米生态链中智能家居企业有多家，其中华米和云米在 2018 年实现了上市。下面笔者为大家介绍下这两家企业以及小米在其中扮演的角色。

(1) 华米科技。华米科技 2018 年在美国上市，成为小米生态链中上市的第一家企业。在华米科技的股权结构中，小米持股将近 40%，略高于创始人的持股比例。同时，依靠小米带来的推广渠道，华米科技得到了更多的用户和资金支持。

华米科技在可穿戴设备领域的市场份额也在不断提升，早在 2017 年，就达到了全球出货量的 13.7%。在 2018 年，华米科技跟美国著名钟表品牌天美时达成了战略合作协议。

华米科技在快速发展的同时，也在不断地扩展产品线，例如外套、跑鞋等。图 10-12 所示为华米推出的 Amazfit 羚羊轻户外跑鞋。

图 10-12　Amazfit 羚羊轻户外跑鞋

(2) 云米科技。云米科技作为小米的生态链企业之一，旗下的产品主要是智能净水系统和智能家电。现阶段，云米科技主要依靠小米带来的市场渗透能力进行销售，例如，2018 上半年云米科技收入 63%都是来自小米的渠道，大约 6.5 亿元。

云米科技不仅渠道方面依靠小米，而且在技术研发方面也和小米合作研发了关于智能净水系统的多个专利。现阶段，云米推出了全屋互联网家电的概念，意图借此销售旗下开发的其他家电产品，获得联动效应，如图 10-13 所示。

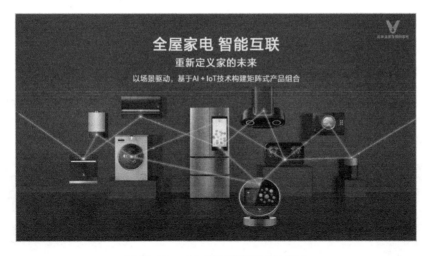

图 10-13　"全屋互联网家电"概念

## 2．华为

华为与小米不同，现阶段的华为，更多的是开放智能家居平台、操作系统源代码的方式，与智能家居厂商进行合作。这种模式导致华为只能以技术投资与企业合作，而不是直接进行资金投资来控股企业。目前，华为不仅和京东签订合作协议，双方智能家居产品可以互通互联，而且已经跟各大家电企业合作推出多款智能家居产品。例如华为和方太合作推出的这款电蒸箱，如图 10-14 所示。

图 10-14　华为与方太联合推出的电蒸箱

可以看出，华为旗下的 HiLink 系统作为智能家居控制中枢，未来将进入更多的智能家居产品。华为也在 2018 年宣布了百亿计划，争取 3 年内实现搭载 HiLink 的智能家居能够达到百亿美元消费金额。

### 3. 联想

在智能家居领域，联想投资了旷视科技、中奥科技、超融合技术厂商 SmartX 等智能家居基础技术领导厂商。同时，联想推出了 SIOT 合作社计划，针对新加入的开发者也推出了千万奖励加速计划，如图 10-15 所示。

图 10-15　"千万奖励加速计划"

联想通过自身销售的智能家居设备，不断采集用户数据，通过大数据和云计算分析用户，形成智能家居闭环。同时，联想也打算在 5 个方面寻找合作伙伴，并通过资金投资、技术投资等方式，加强自身对上下游企业的掌控力度。

## 10.2.2　国外企业的智能家居投资布局

自 20 世纪 90 年代以来，比尔·盖茨发布未来之屋的构想并成功建造，国外就开始兴起智能家居的风潮。经过近 30 年的发展，国外的智能家居渐渐呈现出寡头化的趋势。创业型公司大多都被硅谷等几大企业收购，创立独角兽企业的现象随着时间的推移变得越来越少。

### 1. 亚马逊

亚马逊作为硅谷的巨头公司，在智能家居领域不仅推出了智能音箱 Echo 系列、语音助手 Alexa 等，更是频频收购相关企业，通过旗下基金 Alexa Fund 布局智能家居全产业链。

Alexa Fund 是亚马逊围绕着语音助手 Alexa 而设立的基金。这只成立了 3 年的投资基金，完成了 40 多项投资，其中有智能喷水器公司 Rachio、智能烤箱公司 June、智能宠物喂食器公司 Petnet、智能音响系统公司 Musaic、智能安防摄像头公司 Scout Security 等。

2018 年，Alexa Fund 更是用超过 10 亿美元的价格收购了美国加州的智能门铃企业 Ring，意图对标谷歌旗下的 Nest Cam，如图 10-16 所示。亚马逊对 Ring 的处理方式也跟其之前的收购类似，在保持 Ring 独立运行的同时，加强与亚马逊旗下智能家居产品的互联。

图 10-16　Nest Cam

Alexa Fund 的投资大多集中在初创公司的种子轮和 A 轮。当然，也有例外，例如智能家居硬件公司 Ecobee，Alexa Fund 在 B 轮和 C 轮都对该公司进行了投资。

智能家居硬件公司 Ecobee 的主要业务为智能温控器的生产和销售，竞争对手为谷歌旗下的 Nest。而且，在 2018 年，亚马逊也禁止在自家网站上销售 Nest，进一步加剧了双方的竞争。

除了本身生产智能家居硬件的公司，Alexa Fund 也投资了智能家居相关技术公司，例如人工智能技术公司 Semantica Labs、人工智能实验工具公司 Comet、NLP 训练语料众包平台 DefinedCrowd 等。

甚至更进一步，Alexa Fund 对建筑公司 Plant Prefab 也进行了投资。位于美国加州的 Plant Prefab 是模块定制住宅的领先者，采取自动化模块的方式来建造房屋，其官网声称相较于传统建造商，可以将时间缩短 50%，成本降低 10%～25%，如图 10-17 所示。

图 10-17　建筑公司 Plant Prefab 官网

## 2. 谷歌

在智能家居领域，谷歌主要的投资便是以 32 亿美元收购 Nest，旗下的主要业务是智能恒温器、智能摄像头等，并以 Nest 为主体，收购 Dropcam、Revolo 等智能家居公司。

其中谷歌在其智能摄像头、警报系统和视频门铃上投入了超过 5 亿美元。除了 Nest 以外，谷歌的大部分智能家居投资，更多的是投资尖端技术，例如人工智能技术、大数据技术等。

谷歌的母公司 Alphabet 也成立了相对独立的 Google Ventures、CapitalG、Gradient Ventures 等，对尖端技术进行不同程度的投资。

例如，Google Ventures 到目前为止，已经投资了 3 百多家企业，管理资金约为 24 亿美元，每年的投资金额预计能达到 5 亿美元。其中便包括智能家居、人工智能、大数据等领域。

## 3. 苹果

苹果公司的投资模式一般可分为两种，一种是维持自身核心竞争力的投资，另一种则是扩展生态链的投资。随着智能家居的不断发展，苹果也对人工智能领域加大了投资力度，例如收购了 Regaind、Lattice Data 等人工智能相关技术公司。而且苹果还收购了很多半导体公司，例如 Anobit Technologies、PrimeSense、Authen Tec 等。

苹果通过收购智能家居初创公司 Silk Labs，意图扩展自身的生态链。而苹果旗下的 HomeKit 智能家居平台，如图 10-18 所示，则在不断降低入场标准。

图 10-18　苹果 HomeKit

　　同时，苹果与各国房地产商联合推出智能家居项目，意图利用苹果封闭稳定的智能家居生态提供全屋智能家居定制系统，进一步增强苹果自身在智能家居领域的影响力和竞争力。

# 10.3　智能家居随处可见

　　随着人工智能技术的发展，智能家居领域也借势得以发展，各大企业创造出了各式各样的产品，让我们在日常生活中随处可见智能家居产品的存在。

## 10.3.1　智能家具

　　在家庭生活中，不仅家电领域呈现出智能化的趋势，家具领域也是如此。下面以智能橱柜为例进行介绍。

　　智能化产品的迅速普及让人们的生活变得更加轻松和高效，而橱柜作为厨房的重要组成部分，自然也有不少企业看上了这个潜力巨大的市场，不少品牌橱柜瞄准市场需求，已将智能、数码、娱乐和美学等多种现代元素融入橱柜的设计中，橱柜智能化趋势也越来越明显。

　　佳居乐橱柜的智尚空间整体橱柜融入了科技智能元素，完全符合人体工程学设计，且处处体现出人性化的关怀，如图 10-19 所示。其功能分区有储物区、烹饪区、准备区、电器贮藏区、中央岛台等。

　　烹饪区的柜门全部采用奥地利全自动系统，用户只需轻按柜门，即可自动轻柔开启；储物柜的设计采用跑车机舱式上翻门，既符合人体工学设计，又新颖别致，所有储物柜的柜体内部上方自带 LED 灯，柜门打开时自动开启，内部明亮，用户取物时一目了然，十分人性化；中央岛台是智尚空间的一大特色，该中央岛台面积较大，兼具储物、清洗和餐吧台的多种功能，让用户在烹饪闲暇之余，可以坐在吧台前，听音乐看电影，享受红酒美食，享受惬意家居生活。

图 10-19　智尚空间整体橱柜

　　蓝谷·智能厨房的别墅至尊 S002 橱柜，如图 10-20 所示。该款橱柜采用了智能开合配置；柜门可停在任意位置；橱柜的抽屉采用全拉式抽屉，内部安装了智能感应灯；智能油烟机上还兼具音乐播放、收音机等娱乐功能。

图 10-20　别墅至尊 S002 橱柜

## 10.3.2　智能摄像头

近年来，智能安防产品早已经成为企业进军智能家居领域的入口之一，其中最火爆的就有智能摄像头，通过这种智能设备，可以让用户随时知道并查看家里的异常情况，它极大地方便了人与人之间的视觉交互活动。如三星 SmartCam HD Pro，其视频质量可媲美 Dropcam Pro，是目前市场上实时视频效果最出色的机型之一，如图 10-21 所示。此外，还有 360 家庭卫士，如图 10-22 所示；联想看家宝，如图 10-23 所示。

图 10-21　三星 SmartCam HD Pro

图 10-22　360 家庭卫士

图 10-23　联想看家宝

智能摄像头的火热，让互联网厂商和传统厂商看到盈利的入口，纷纷进入智能硬件领域。摄像头就像人的眼睛，它们通过连接云服务和互联网，存储海量数据，具备比人体感官更加强大的功能。未来，摄像头将在智能家居中扮演重要角色。

### 10.3.3　全宅智能家居控制系统

全宅智能家居控制系统涉及很多方面，如智能灯光控制系统、智能电器控制系统、安防系统、家庭影院系统、环境监测系统、能源管控系统等。下面以 Life Smart 智能家居安全组合套装为例进行介绍。

Life Smart 智能家居安全组合套装，是一套通过无线智能摄像头，可以用手机实现 24 小时随时随地查看监控、实时报警、设置门禁感应的装置。

Life Smart 智能家居安全套装的组成包括智慧中心、高清无线摄像头、动感感应器和门禁感应器，如图 10-24 所示。

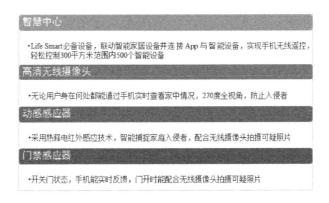

**图 10-24　Life Smart 智能家居安全套装组成**

在 Life Smart 智能家居安全组合套装中，所有的智能设备运行都必须有智慧中心的配合才能使用，如图 10-25 所示。

**图 10-25　智慧系统控制中心**

## 10.3.4　智能音箱

现阶段，进行语音交流的智能音箱被智能家居领域的部分人认为是智能家居的控制中枢，语言交互带来了新的智能设备交互模式。根据有关统计，目前在国内推出智能音箱的企业已经超过 50 家，相关软硬件设备厂商已经超过 500 家。

智能音箱相较于其他智能家居设备，之所以能够形成火热的明星单品，这其中自然有智能音箱独特的优势，具体内容如下所述。

(1)　智能音箱作为智能家居的控制中枢，其所具备的语音交互功能，从根本上将原先的屏幕交互模式，从三个步骤变为两个步骤。原先的屏幕交互需要拿出手机或者找到触摸屏，打开 App 或者程序，然后才能操作。而语音交互，只需要唤醒就可以直接进行操作。

(2)　智能音箱作为智能家居的控制中枢，在智能家居这个高频率的使用场景当中，可以很方便地收集用户的各种数据。

(3)　智能音箱的语音交流更容易给用户带来温暖。语音作为人原本的属性之一，语音交流更容易被用户在潜意识里当作两个人在进行交流。

(4)　智能音箱作为一种新型的智能交互设备，未来还有很多潜力可挖。目前智能家居市场的火热更是很好地验证了这一点。智能音箱的扩展表明人工智能技术在语音领域得到了长足发展，从而进入了市场化的阶段。

小米 AI 音箱自发布以来，打造四核处理器，能够快速响应用户需求。而且，小米 AI 音箱的最大优势在于小米庞大的生态链。就目前的智能家居产品来说，小米 AI 音箱能够连接小米旗下的任何智能家居产品。如图 10-26 所示为小米 AI 音箱。

图 10-26　小米 AI 音箱

# 10.4  具体案例分析

家居领域的智能化趋势越来越突出，并逐渐形成了庞大的智能家居行业。本节将以生活中具体的智能家居为例，为读者呈现一个全新的智能家居生活环境。

## 10.4.1  小米空气净化器：实现远程高速

小米空气净化器由小米生态链智米科技生产制造，它是高性能的双风机智能空气净化器，净化能力高达 406m³/h，净化面积可达 48m²。通过手机 App 可实现远程高速净化、睡眠、智能自动模式，如图 10-27 所示。

图 10-27  小米空气净化器

## 10.4.2  Sonos：无线智能扬声器

晚上回到家中，你是否想躺在沙发上闭眼聆听音乐世界的美好声音？听音乐的方式很多，可以选择传统的家庭音响、也可以选择无线蓝牙音箱，但最终目的是获得更便利的音乐播放体验。

Sonos 的无线扬声器如图 10-28 所示，是一套先进的智能音响设备，它既拥有悦耳非凡的音质效果，同时还很便携小巧，与智能手机设备和电脑的连接也十分方便，在国外非常有名。

图 10-28　Sonos 无线音箱

　　Sonos 音箱提供有桥接器配件，一根网线就能将桥接器与无线路由器连接在一起。如图 10-29 所示为 Sonos 桥接器配件。

图 10-29　桥接器配件

　　例如，将一个或多个 Sonos 音箱放在客厅、卧室或书房中，如果想要操控不同房间的 Sonos 音箱，只要通过 Sonos 手机或电脑应用即可实现，如图 10-30 所示。

图 10-30　通过 Sonos 手机应用进行控制

### 10.4.3 Yale 门锁：让生活更安全

耶鲁(Yale)与韩国数码电子锁领导者易保(iRevo)合作后，在其锁具产品中融入了先进的电子数码科技，创新研发出了一款耶鲁电子数码门锁，如图10-31所示。

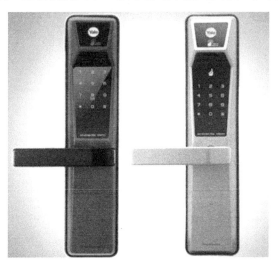

**图 10-31　Yale 门锁**

Yale 门锁的 Smart Card(智能卡)兼容所有 ISO14443 A Type 技术，同时把集成电路装在卡中，提升了信息的机密性和安全性。

Yale 门锁的指纹传感器采用扫描方式进行识别，而且不需扫描全部，只需识别一部分指纹即可。扫描时，用户只需将手指放在扫描处上方由上至下地扫描即可，因此扫描后不会将指纹残留在传感器上，安全性非常高。

Yale 门锁主要有手掌触摸功能、虚位密码功能、智能显示功能等，因此相比传统的密码锁，Yale 门锁的安全性更高。

Yale 门锁的主锁系列具备安全把手的功能，这项功能具备两方面的优势：一方面，在紧急情况下，用户可以从室内迅速开启；另一方面，它可以有效防止窃贼通过打孔方式开锁的风险。

Yale 门锁的浮动密码技术不同于传统的密码锁，传统密码锁密码在每次使用时不能改变，因此存在被窃取复制的危险，而浮动密码技术是指锁体系统中具备两组密码：固定密码和浮动密码。每次使用时，按钥匙中的浮动密码输入锁体系统中会进行一次确认，确认通过后，门就会被打开，然后密码就会自动更换。这种浮动密码技术的优势在于无规律且不可复制。

# 第11章

## 社会行业，影响意义

学前
提示

随着人工智能技术的不断发展和广泛应用，它对当今社会的影响也越来越大。那么，人工智能对未来社会究竟有哪些方面的影响呢？

本章主要讲述人工智能技术对社会和就业的影响，以及对产业结构和其他方面的影响。

要点
展示

- 人工智能技术对社会的影响
- 人工智能技术对行业的影响
- 人工智能技术改变产业机构
- 人工智能技术的其他影响

# 11.1 人工智能技术对社会的影响

人工智能技术的快速发展和广泛应用给社会带来了翻天覆地的变化，改变了人类以往的劳动、生活、交往、思考等方式。人工智能技术对未来社会的影响主要有以下几点，具体内容如下所述。

## 11.1.1 改变人们的行为方式

人工智能技术首先会改变人们的行为方式，而人们行为方式的变化主要表现在以下 4 个方面。

### 1. 改变劳动方式

目前，人工智能技术已在工业、农业、物流等领域被广泛应用，人工智能技术改变了过去传统的人力劳动生产方式，由人工智能机器人代替人类的体力劳动甚至部分脑力劳动，实现了生产、工作自动化和智能化。

### 2. 改变生活方式

人工智能技术改变了人们的生活方式，智能家居的兴起和普及就是最好的证明。现在，人工智能技术已经渗透到人们生活中的各个角落，为我们的生活提供方便，例如苹果 Siri 等智能语音助手，如图 11-1 所示。AI 也为人类的休闲娱乐生活提供了新的玩法，AI 系统已经被应用到各大游戏的开发中。

图 11-1  苹果 Siri 语音助手

　　另外，人工智能对大数据的分析处理让人们的学习方式更加便利。比如利用大数据分析，根据用户的搜索内容和习惯，可以向用户推送他所喜爱或感兴趣的个性化内容，帮助用户利用碎片化的时间进行阅读，这样极大地提高了用户的效率。

　　借助小猿搜题、作业帮、学霸君等学习软件，使学生在没有老师辅导的情况下也可以顺利地完成学习任务，提高了学生自主学习的能力。

　　在工作会议中，我们经常会遇到自己手写速度跟不上汇报人说话语速的情况，而人工智能的语音识别技术就能解决这个问题，例如科大讯飞语音输入软件。如图 11-2 所示为讯飞人工智能开放平台官网首页。

**图 11-2　讯飞开放平台官网首页**

### 3．改变交往方式

　　人工智能技术使得我们的交通更加快速便利，沟通交流更加快捷方便。未来，借助智能交通工具，普通人也可以去以前因地理条件限制而无法到达的地方，行程时间也会进一步缩短。智能翻译系统和智能手机等通信工具让人们可以突破时空的限制，实现无障碍的实时沟通和交流。

### 4．改变思考方式

　　人工智能还可以改变我们的思考方式，遇到不懂的问题就在网上用搜索引擎查询，这使人们越来越依赖于智能搜索引擎，而不再去主动思考和探索，对资料工具书的依赖程度也有所减少。

　　虽然如此，人工智能也让人类的视觉、听觉等感官范围大为拓展，使人们认识和感受到以前从未接触过的世界，这必然导致人们传统固有的思维观念发生改变，推动思想的启蒙和解放。

## 11.1.2　改变社会的结构层次

人工智能机器人的发明和诞生将改变社会的层次结构，主要表现在以下 4 个方面，具体内容如下所述。

(1) 社会管理结构越来越简化。

(2) 社会管理层级越来越精简。

(3) 形成分布式社会治理模式。

(4) 非常依赖人工智能机器人。

## 11.1.3　导致部分人失业下岗

人工智能技术的发展是科学技术进步的重要标志，它能极大地提高社会生产力，例如智能工厂等。但是，任何事物都具有两面性，有阴必有阳。人工智能技术在取代重复简单的体力劳动工作的同时，也会导致大批劳动力面临下岗的危机。

随着人工智能技术应用的领域越来越广泛，很多行业都有裁员的风险。如果越来越多的劳动力被替代，会使社会闲散人员增加，成为社会不安定的因素，犯罪率将会上升，导致社会秩序动荡。

## 11.1.4　造成自然环境的破坏

人工智能技术的发展必然会引起社会结构和生态环境的改变。在人类还未完全了解大自然的规律和奥秘的情况下，人工智能技术对生态环境的改造会造成无法预料的后果。所以，我们要有清醒的认识和及时地加以预防。

## 11.2　人工智能技术对行业的影响

介绍完对社会的影响，接下来笔者列举几个行业来介绍人工智能对行业的影响，具体内容如下所述。

### 11.2.1　对工业制造的影响

笔者在前面讲过，人工智能技术会导致一部分人失业下岗，其原因就是智能机器代替人类从事劳力作业，尤其以工业制造领域最为突出。那些需要大量体力劳动的工作已经逐渐被智能化生产设备所取代，许多工厂的生产线上所需的工人大为减少，只有少量的工人负责机器设备的运行和维修。随着人工智能技术的发展，工业自动化程度将会越来越高。如图 11-3 所示为自动化生产线。

图 11-3　自动化生产线

## 11.2.2　对服务行业的影响

在服务行业也出现了人工智能机器人的身影，就比如笔者之前介绍过的 Foodom 机器人中餐厅。在日本长崎，有一家名为 Henn-na Hotel 的机器人酒店，又称"奇怪酒店"，它是世界上第一家机器人酒店，如图 11-4 所示。

图 11-4　日本机器人酒店

该酒店除了旅客，有 90%的工作人员都是机器人，不同职位有不同种类的机器人。机器人承担了酒店 70%的工作，如搬运行李、引导办理业务、打扫卫生、倒咖啡等工作都是由机器人来完成。该酒店的负责人认为，人工智能机器人将是未来代替劳动力最好的方式，能有效地解决人口老龄化和劳动力短缺的问题。

日本这种机器人酒店的运营模式，既节约了人工成本，又提高了工作效率，是将 AI 技术运用于服务行业的成功尝试。

## 11.2.3  对交通运输的影响

人工智能技术对交通运输的影响包括两个方面，一是无人驾驶，二是智慧物流。

### 1．无人驾驶

无人驾驶汽车是智能汽车的一种，它集自动控制、人工智能、视觉计算等技术于一体，主要以依靠计算机系统为主的智能驾驶仪实现无人驾驶。如图 11-5 所示为无人驾驶汽车。

**图 11-5　无人驾驶汽车**

无人驾驶汽车是计算机科学、模式识别以及智能控制技术高度发展的产物，目前已经投入生产并在世界推广普及，它的出现将会引起交通行业的技术革命。

### 2．智慧物流

为了完善智慧物流体系生态链，京东推出智能机器人配送服务，投入人工智能机器人进行一些城市的快递配送服务。它能够自主停靠配送点，自动躲避道路障碍。和传统的人工配送相比，它避免了许多交通风险，而且工作效率有所提升，更重要的是不会泄露客户信息，保证了客户的信息安全。

京东配送机器人的感知系统非常发达，装备了激光雷达、GPS 定位、全景视觉监控系统，防撞系统和超声波感应系统，使配送机器人可以准确地感应周围环境的变化，预防交通事故的发生。

如图 11-6 所示为京东配送机器人。

图 11-6　京东配送机器人

　　京东配送机器人拥有智能决策规划的能力，能通过人工智能技术不断地进行深入学习和运算，作出最合理、最明智的决策。

## 11.2.4　对农业领域的影响

　　人工智能技术对农业领域的影响是非常大的。例如，无人机喷洒农药可以减少农药的用量，而且还能降低农药中毒的风险。如图 11-7 所示为无人机喷洒农药。

图 11-7　无人机喷洒农药

　　人工智能技术可以实现农业自动化生产，增加农作物的产量，优化农业生产管理，加速农业现代化的建设。

# 11.3　人工智能技术改变产业结构

科技的进步是促使产业结构发生变化的主要因素之一，而人工智能技术的发展会带动产业结构的优化和升级，成为经济增长的重要推动力。

## 11.3.1　推动传统产业的发展

人工智能技术具有强大的创造力和增值效应，它能够实现传统产业的自动化和智能化，从而促进传统行业实现跨越式的发展。例如人工智能技术与传统家居的结合促使了智能家居的产生；与传统物流的结合形成了智慧物流体系。

## 11.3.2　创造新的市场需求

人工智能技术带动了产业的发展，也相应地会出现新的消费市场需求。随着人工智能技术的深入发展和广泛应用，生产出许多新的智能产品，例如智能音箱，无人机、智能穿戴等。从而刺激消费需求，带动经济的发展和增长。

## 11.3.3　产生新的行业和业务

人工智能技术的兴起和发展产生了一批新的行业和业务，对产业结构的升级产生了重大的影响，改变了产业结构中不同生产要素所占的比重，推动了产业结构的优化和升级。现在，进入人工智能行业已然成为各大企业巨头的重要发展战略，它们纷纷在人工智能产业布局，开拓新的业务，例如 BAT 等。

人工智能虽然会取代部分劳动力的工作，但是也会产生一大批新的职业和岗位，为人们提供新的就业机会。

# 11.4　人工智能技术的其他影响

本节主要讲述人工智能技术对军事领域和经济发展的影响，以及对人工智能技术垄断问题的分析等内容。

## 11.4.1　对军事领域的影响

科学技术的进步带动军事的发展，人工智能也不例外。20 世纪 70 年代，人类就开始将人工智能技术应用到军事领域。

人工智能技术在军事领域的应用包括作战数据分析和预测、敌我目标识别、智能作战决策、模拟作战数据、无人作战平台等。

如图 11-8 所示为无人作战平台。

图 11-8　无人作战平台

人工智能技术促进了武器系统的发展和升级，增强了军队的作战能力和国家的军事实力。但是，我们也要警惕，人工智能技术在军事领域的过度发展，将会对人类造成巨大的伤害。

## 11.4.2　对经济发展的影响

人工智能的专家系统深入各个行业，给社会带来巨大的经济效益。人工智能促进了经济的发展，创造了更多的社会财富，但同时也产生了劳务就业的问题。由于人工智能技术强大的可替代能力，造成了社会结构的剧烈变革。

## 11.4.3　人工智能技术的垄断问题

对于企业而言，技术垄断在市场竞争中是重要手段之一，可以为企业带来巨大的利润，保持企业的地位和竞争力。但与此同时，技术垄断又阻碍了企业之间的交流与合作，从长期来讲不利于国家和社会的共同发展。

虽然，我国的人工智能技术与西方发达国家相比还存在着一定的差距；但是，目前人工智能领域还没有形成技术垄断的局面，我国在人工智能领域的发展前景非常可观，而且也取得了较大的进展和不错的成果。

例如，国内的互联网巨头公司百度、阿里、腾讯等，都已经建立起了属于自己的人工智能战略体系。

百度的人工智能助手是小度，小度内置对话式人工智能系统，以自然语言对话的交互模式，让用户实现影音娱乐、信息查询、生活服务等功能操作。借助百度的人工智能技术，小度不断地学习进化，并了解用户的喜好和习惯，变得越来越智能。如图 11-9 所示为小度智选商城。

图 11-9　小度智选商城

# 第 12 章

## 成果案例，应用简介

学前
提示

　　人工智能技术在经过了多个阶段的发展后，已经取得了巨大的成就，将对推动社会的发展产生难以估量的影响。本章围绕人工智能技术成果，对其商品和研究进行全面的介绍和分析。

要点
展示

- 热卖商品，深受喜爱
- 研究成果，果实累累

# 12.1　热卖商品，深受喜爱

随着时代的发展，人们生活的各个方面也越来越趋向智能化，人工智能产品已成为人们生活中的常见商品。本节将介绍几款在实体店和互联网上热卖的人工智能商品。

## 12.1.1　AI 儿童智能早教机器人

AI 儿童智能早教机器人是专门为儿童打造的人工智能产品，它拥有 Q 萌可爱的外观造型，联网之后可以实现听音乐、学习、讲故事等功能。内置高保真全磁喇叭，采用第二代 AI 芯片，使机器人更智能，对话更加灵敏。

如图 12-1 所示为 AI 儿童智能早教机器人的产品外观。

图 12-1　AI 儿童智能早教机器人

AI 儿童智能早教机器人拥有下述各种功能和特点。

(1)　全磁高保真喇叭。内置全磁高保真喇叭，声音失真度低于 9%，音色纯净自然，美妙动听，非常适合儿童听儿歌、故事等。

(2)　AI 智能对话。通过 AI 语音技术支持语音对话，智能识别儿童的童音，使其与机器人的互动更加流畅、识别更加灵敏。

(3)　操作简单方便。扫描机器人机身二维码，关注公众号可以获取丰富的教学资源和海量的版权教材，联网即可播放，语音点播，方便学习。

(4)　同步丰富的云端内容。不定时更新丰富的内容资源，同步 1~6 年级教材，解答难题，轻松提高孩子的学习成绩。

(5)　远程语音互动。机器人可以接收到家长在公众号对话框内向孩子发送的语音，孩子按住对讲键就可以与家长进行互动聊天。

除了这些功能和特点以外，AI 儿童智能早教机器人还内置了其他许多丰富有趣的功能，如图 12-2 所示。

图 12-2　内置更多内容

## 12.1.2　夏新：高清网络播放器

夏新 V8 是夏新科技旗下的一款网络机顶盒电子产品，它拥有 AI 语音和 5G 功能，同时能够给消费者带来 4K 的超清体验，以实际的套餐版本为准，如图 12-3 所示。内置瑞芯微芯片，处理速度迅速。

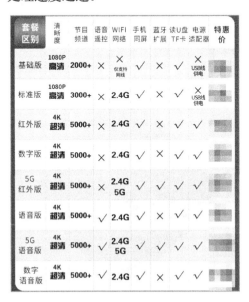

| 套餐区别 | 清晰度 | 节目频道 | 语音遥控 | WIFI网络 | 手机同屏 | 蓝牙扩展 | 读U盘TF卡 | 电源适配器 | 特惠价 |
|---|---|---|---|---|---|---|---|---|---|
| 基础版 | 1080P 高清 | 2000+ | × | ×仅支持网线 | √ | × | √ | ×USB线供电 | |
| 标准版 | 1080P 高清 | 3000+ | × | 2.4G | √ | × | √ | ×USB线供电 | |
| 红外版 | 4K 超清 | 5000+ | × | 2.4G | √ | × | √ | | |
| 数字版 | 4K 超清 | 5000+ | × | 2.4G | √ | × | √ | | |
| 5G 红外版 | 4K 超清 | 5000+ | × | 2.4G 5G | √ | × | √ | | |
| 语音版 | 4K 超清 | 5000+ | √ | 2.4G | √ | × | √ | | |
| 5G 语音版 | 4K 超清 | 5000+ | √ | 2.4G 5G | √ | × | √ | | |
| 数字 语音版 | 4K 超清 | 5000+ | √ | 2.4G | √ | × | √ | | |

图 12-3　套餐版本区别

夏新 V8 和其他普通的网络机顶盒相比，有以下 16 大优势功能，如图 12-4 所示，能够让消费者享受更多乐趣。

图 12-4　夏新 V8 的功能优势

夏新 V8 支持新一代 5G 双频技术模组和畅联 5G 频段的 WiFi 通道，同时还支持 2.4G 网络频段。可以进行智能 AI 语音遥控，响应快速；支持硬件解码功能，输出 4K 超清画质，高清护眼，享受实景级视觉体验。

它搭载的是安卓系统，可以自由安装软件和应用，也可以通过插 U 盘和内存卡进行安装。兼容各类网课教育平台，课程涵盖小学、初中、高中等各个科目的内容。另外，它还支持投屏、控屏以及蓝牙拓展功能，能连接手柄、耳机、音响等多种蓝牙设备。如图 12-5 所示为夏新 V8 网络机顶盒。

图 12-5　夏新 V8 网络机顶盒

## 12.1.3　小度：人工智能音箱

小度是百度旗下的人工智能助手，截至 2019 年 2 月，搭载小度系统的智能设备激活数量已超过 2 亿。通过人工智能让人和设备的交互更加自然，使生活变得更加简单美好。

小度自发布以来已推出了多款人工智能产品，小度人工智能音箱就是其中热销的产品之一。如图 12-6 所示为小度人工智能音箱。

**图 12-6　小度人工智能音箱**

小度人工智能音箱具有下述各种功能。

(1)　拥有海量音乐与优质的有声内容。接入千万级正版曲库资源，超过 3000 万档各领域的优质有声节目，还有 2000 多个省市广播电台。

(2)　全面整合百度信息与服务生态优势。搭载小度人工智能系统，引入百度百科近 1600 万个词条内容，并拥有超过 2600 项常用技能。

(3)　聪明的生活小助手。可以通过语音进行信息查询、语音备忘、闹钟设置、家居控制、日程管理等操作。

(4)　特色儿童模式。区别于标准模式，小度音箱针对儿童进行了定向设计，会自动给孩子提供合适的内容，让孩子可以更愉快地玩耍、学习。

(5)　趣味极客模式。内置趣味语料系统，提供聊天、讲笑话等服务，为生活增添乐趣。

(6)　语音控制家电。小度人工智能音箱接入海尔 U+、博联、Lifesmart、欧瑞博等知名智能家居产品，只需语音就可轻松控制智能家居产品。

小度人工智能音箱可语音控制的设备如图 12-7 所示。

**图 12-7　小度人工智能音箱可语音控制的设备**

(7)　出色的硬件配置。内置 1.75 英寸的全频高保真内磁扬声器，能清晰还原歌曲的细腻层次感；高配置的双无源辐射器；另外还可支持蓝牙播放、DLNA 无线音乐投射。

小度人工智能音箱的使用方法和步骤如图 12-8 所示。

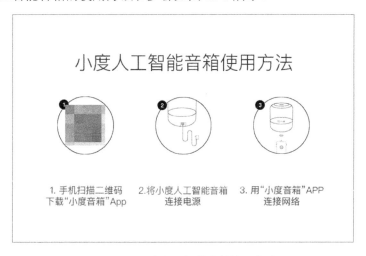

**图 12-8　小度人工智能音箱使用方法**

## 12.1.4　PPTV：高清人工智能电视

PPTV 智能电视是由上海聚力传媒技术有限公司推出的新一代人工智能互联网电

视产品，如图 12-9 所示。

图 12-9　PPTV 智能电视

相比以往的互联网电视产品，它采用高清护眼的液晶屏，画面更清晰，消费者看电视眼睛更舒适；搭载 64 位处理器，搭配 1GB 运行内存+8GB 储存内存，速度更快，能安装更多应用。它还拥有智能影音模式，根据正在播放的内容自动匹配合适的播放模式，给消费者带来更好的观影体验。

此外，PPTV 人工智能电视还拥有以下这些亮点和特色，具体内容如下所述。

(1) 影视内容全面升级。融合 PP 视频、优酷两大优质平台的影视内容，推出超级 TV 影视会员，院线新片抢先观看，畅享顶级视听体验。

(2) 全新的 BIU OS 系统。操作简单，界面纵横有序，为用户推荐精准的内容；合理的交互设计，照顾用户的使用习惯。

(3) 轻巧便捷，移动方便。重量仅有 4 千克，搬家时，一只手就可以拎着走。

此外，它还可以通过 AI 智能互联，用手机来遥控电视。只需点击 PPTV 电视微助手，扫描微信二维码进入微助手小程序，输入电视绑定码即可。

关于手机遥控一共有 3 种玩法，具体内容如下所述。

● 手机遥控：进入 PP 微助手小程序，在"遥控器"界面可进行手动操作和语音操控，用户可根据习惯自由选择。

● 影片推送：进入 PP 微助手首页，在"片库"模块中选择想观看的影片，点击"推送"即可在电视播放。

● 照片推送：进入 PP 微助手首页，在"我的"页面中点击"图片推送"，选取手机中的图片，即可在电视呈现。

## 12.1.5　菲尼拉：智能语音鼠标

在日常办公时，我们有时候会觉得打字输入、搜索太累，有些外语看不懂，机器翻译太麻烦，而且还不精准。而菲尼拉智能语音鼠标正好可以帮助用户解决这个痛点，菲尼拉智能语音鼠标拥有语音打字、语音搜索、28 种语言互译等功能。

如图 12-10 所示为菲尼拉智能语音鼠标的产品外观及功能键说明。

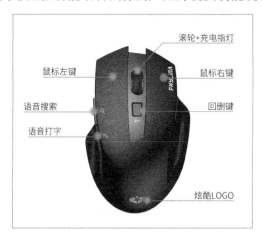

**图 12-10　产品外观及功能键说明**

如图 12-11 所示为其产品性能参数表。

| 品牌 | phylina菲尼拉 | 型号 | PM1 |
|---|---|---|---|
| 语音识别 | AI人工智能 | 无线距离 | 10米 |
| 无线式 | 2.4G光学 | 支持系统 | Windows/Mac |
| 光学分辨率 | 1000/1200/1600 | 可充电电池 | 3.7v/800mAh |
| 多种语言 | 28种语言互译 | 重量 | 约150g |
| 语音识别距离 | 2米 | 材质 | ABS+PC |

**图 12-11　产品性能参数表**

菲尼拉智能语音鼠标软件安装包的获取方法如下所述

(1) 把鼠标的 USB 接收端插到电脑的 USB 接口，电脑识别到鼠标后，鼠标功能即可正常使用。

(2) 长按鼠标滚轮键 5 秒，电脑会自动弹出鼠标语音软件的下载页面，下载鼠标语音软件到电脑。

(3) 如果超过 5 秒未弹出鼠标语音软件的下载页面，还可以到官网下载中心进行下载。

菲尼拉智能语音鼠标具有以下这些产品优势和特点，如图 12-12 所示。

图 12-12　菲尼拉智能语音鼠标的产品特点

菲尼拉智能语音鼠标可用于语音输入写作、外贸沟通翻译、微信聊天、语音书写报告等工作场景，长按语音键/搜索键，即可语音输入文字或搜索。支持划词翻译，语音说话自动同步翻译成多国文字，有语音翻译模式和文本翻译模式两种功能可供选择；同时还有语义实时修正功能，能根据上下文的语境，修正整段句子的词语和文字，还原句子本意。

菲尼拉智能语音鼠标还支持 3 档 DPI(每英寸点数)调节，能够准确控制鼠标的灵敏度，满足各种游戏、办公等场景需求。拥有 2.4G 无线传输，无论是笔记本还是台式电脑都能适用；内置大容量锂电池，充电一次可使用数周。

菲尼拉智能语音鼠标采用流线型人体工学设计方式，使手部与鼠标更自然地贴合，带给消费者更好的用户体验感。当鼠标长时间未使用时，会自动进入休眠状态，只需点击鼠标按键，即可唤醒鼠标。菲尼拉智能鼠标适合外企工作者、文字工作者、教师、学生等各类人群使用，能有效提高行业的办公效率。

## 12.2　研究成果，果实累累

人工智能技术的发展除了表现在各领域产品中的应用外，还表现在其研究成果方面——这是进行人工智能产业化发展的技术基础。本节将通过案例介绍人工智能领域的各项重要研究成果。

## 12.2.1 AlphaGo：人机围棋大战

AlphaGo(阿尔法狗)是一款由谷歌旗下的 DeepMind 公司开发的围棋人工智能程序，它通过两种网络完成程序运行，如图 12-13 所示。

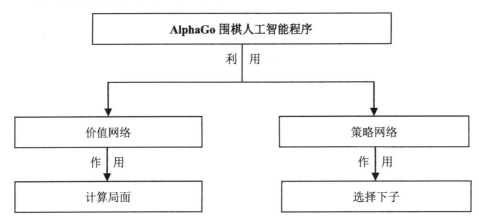

图 12-13 AlphaGo 围棋人工智能程序运行的解读

自 AlphaGo 推出以来直至 2017 年年初，它已进行了多场人机围棋比赛，具体内容如表 12-1 所示。

表 12-1 AlphaGo 参与的多场人机围棋比赛举例

| 时　间 | 比　赛　方 | 结　果 |
|---|---|---|
| 2015 年 10 月 | AlphaGo 围棋人工智能程序对战欧洲围棋冠军、职业二段选手樊麾 | 5∶0 |
| 2016 年 3 月 | AlphaGo 围棋人工智能程序对战世界围棋冠军、职业九段选手李世石 | 4∶1 |
| 2016 年 12 月～ 2017 年 1 月 | AlphaGo 围棋人工智能程序对战弈城网和野狐网 | 60∶0 |

作为 AlphaGo 退役前的最后一次人机围棋大战，它于 2017 年 5 月 23～27 日在"中国乌镇•围棋峰会"参加对弈，比赛双方为即将退役的 AlphaGo 围棋人工智能程序与中国围棋职业九段棋手柯洁，如图 12-14 所示。这次比赛最终以 AlphaGo 三胜柯洁结束比赛。

从 AlphaGo 参与的人机围棋比赛中可知，人工智能产品通过深度学习和不断完善，是完全可以战胜人类的，同时也代表着人工智能技术发展进入了一个新的阶段。

图 12-14　AlphaGo 与柯洁的人机围棋大战

## 12.2.2　Dr. Pig：预测猪肉价格

"猪葛亮 Dr. Pig"是一款人工智能应用，也是一款在 2014 年 Azure 机器学习云应用竞赛首先摘得桂冠的应用。其在人工智能应用主要表现在对市场行情的预测上，具体内容如图 12-15 所示。

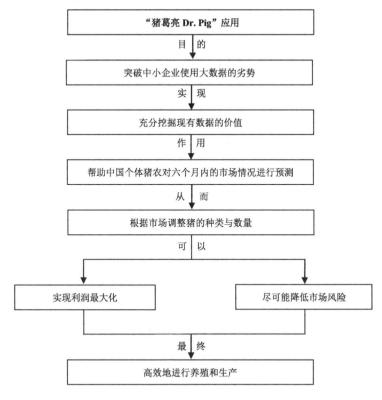

图 12-15　"猪葛亮 Dr. Pig"应用介绍

### 12.2.3　Deep Speech：新的语音识别方法

"Deep Speech"是一种基于人工智能技术的深度学习技术、由百度的相关团队开发的语音识别系统，它是一种全新的语音识别方法。在语音识别方面，"Deep Speech"有着鲜明的特点，特别是在噪音环境下，其识别语音的准确率远高于其他人工智能系统——"Deep Speech"可实现近 81%的辨识准确率。

其实，这一语音识别系统的运行和高辨识准确率是建立在百度新型计算机系统之上的，在这一系统中配备了众多的图像处理器 GPU，如图 12-16 所示。

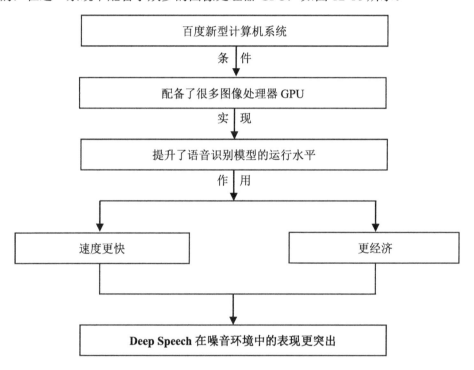

图 12-16　百度新型计算机系统功能

### 12.2.4　人工智能+VR：杰里米·拜伦森的实验

提起虚拟现实技术，人们总是喜欢把它与人工智能技术联系起来，斯坦福大学虚拟人机交互实验室的创始人杰里米·拜伦森教授更是将两者结合进行了多种实验，具体内容如图 12-17 所示。

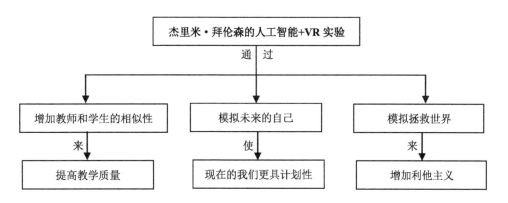

图 12-17　杰里米·拜伦森关于"人工智能+VR"的多种实验

## 12.2.5　RoboEarth 项目：模拟护士

RoboEarth 项目是一个将人工智能技术应用于医疗领域的项目，它是由荷兰埃因霍芬理工大学发布的。在这一项目中，机器人完全可以履行模拟护士的职责。如图 12-18 所示为 RoboEarth 项目中为患者倒水的机器人。

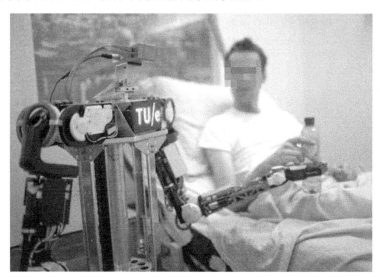

图 12-18　RoboEarth 项目中为患者倒水的机器人

图 12-18 中倒水这一服务功能的实现是通过两个机器人的协作共同完成的，具体内容如下所述。

（1）由一个机器人快速扫描医院房间并制成房间地图，然后将其上传至 RoboEarth，为共享信息提供基础。

（2）另一个机器人可以通过访问云端，了解房间地图，在不重新进行搜索的情况下为患者倒水。

因此可以说，RoboEarth 项目的实质，其实就是一个"模拟护士的机器人"版本的网络平台。在这个平台上，四个机器人之间的工作是相互协作的，具体如图 12-19 所示。

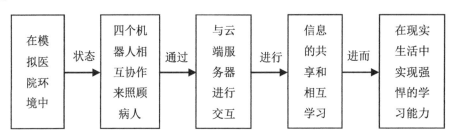

图 12-19　RoboEarth 项目的工作流程分析

## 12.2.6　Gork：检测异常现象

Numenta 是一家人工智能公司，其产品生产主要采用的是分层式即时记忆技术，利用这一技术，它具备了两种识别功能，具体如图 12-20 所示。

图 12-20　Numenta 采用分层式即时记忆识别技术具备的两种功能

而 Gork 是 Numenta 公司使用这种技术制作的第一款商业产品，在分层式即时记忆技术的支持下，Gork 基于如图 12-20 所示的两项功能，专注于异常现象的检测，具体如图 12-21 所示。

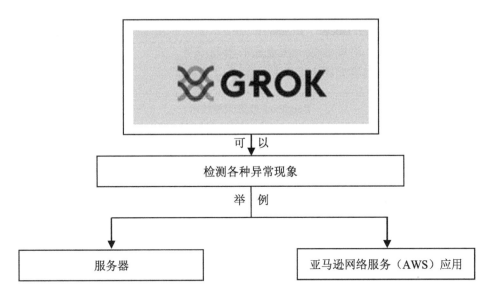

图 12-21　Gork 的检测功能介绍

## 12.2.7　DeepFace：脸部识别率提高

Facebook 作为一家应用广泛的社交服务网站，对辨识度方面有着极高的要求，而其推出的 DeepFace 技术恰好能很好地满足这一要求。如图 12-22 所示为 DeepFace 脸部识别技术。

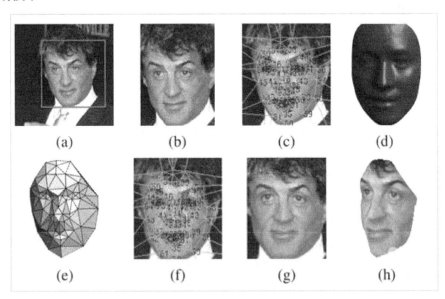

图 12-22　DeepFace 脸部识别技术

如图 12-25 所示的 DeepFace 脸部识别技术无论是从地位、发展水平，还是从应用方面来看，都是人工智能领域一项重要的研究成果。关于 DeepFace 脸部识别技术的地位和应用，具体内容如图 12-23 所示。

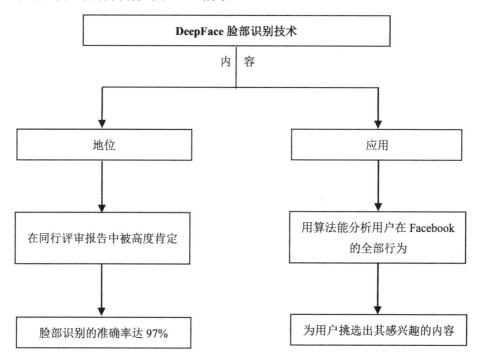

图 12-23　DeepFace 脸部识别技术地位和应用介绍

## 12.2.8　人工智能与先进计算联合实验室

"人工智能与先进计算联合实验室"是由中国科学院与戴尔合作的人工智能方面的项目。这一联合实验室建立在中国科学院和戴尔公司的优势基础之上，并基于这一优势进行科技创新，如图 12-24 所示。

其实，这一联合实验室的建立不仅有其重要性，更是有其必然性，这是由当前人工智能技术的发展现状所决定的，具体内容如下所述。

(1)　人工智能技术要想获得发展，就必须有强大计算平台的支持。

(2)　在深度学习和内脑等研究方向上，要求人工智能技术有更好的智能架构。

(3)　需要平衡好以上两方面的发展需求，把握发展趋势。

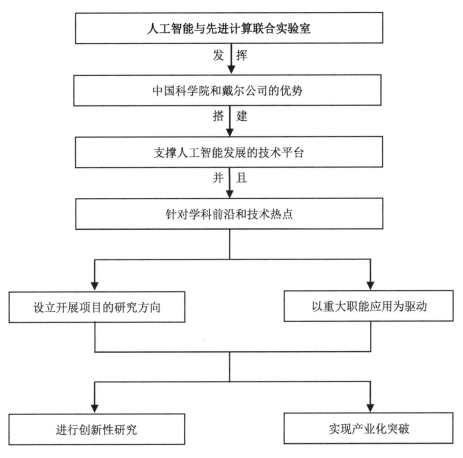

图 12-24 人工智能与先进计算联合实验室介绍